三江稻区绿色优质水稻品种及其双减栽培体系示范推广
（项目编号：ZYYD2022JMS004）

生命科学系列丛书

寒区抗稻瘟病
水稻多系品种的培育

刘长华　著

黑龙江大学出版社
HEILONGJIANG UNIVERSITY PRESS
哈尔滨

图书在版编目（CIP）数据

寒区抗稻瘟病水稻多系品种的培育 / 刘长华著 . --
哈尔滨 ： 黑龙江大学出版社，2023.8
ISBN 978-7-5686-0921-0

Ⅰ . ①寒… Ⅱ . ①刘… Ⅲ . ①寒冷地区－水稻－稻瘟
病－抗性育种－研究－黑龙江省 Ⅳ . ① S435.111.4

中国国家版本馆 CIP 数据核字（2023）第 008277 号

寒区抗稻瘟病水稻多系品种的培育
HANQU KANG DAOWENBING SHUIDAO DUOXI PINZHONG DE PEIYU
刘长华　著

责任编辑　于　丹
出版发行　黑龙江大学出版社
地　　址　哈尔滨市南岗区学府三道街 36 号
印　　刷　北京虎彩文化传播有限公司
开　　本　720 毫米 ×1000 毫米　1/16
印　　张　14
字　　数　229 千
版　　次　2023 年 8 月第 1 版
印　　次　2023 年 8 月第 1 次印刷
书　　号　ISBN 978-7-5686-0921-0
定　　价　53.00 元

本书如有印装错误请与本社联系更换，联系电话：0451-86608666。

目　　录

1 绪论

1.1 黑龙江省水稻生产的稻瘟病情况

水稻作为世界三大粮食作物之一,是全球过半人口的主要口粮。作为水稻发源地的中国,有着悠久的水稻种植历史和稻种资源,是水稻生产和消费大国。

黑龙江省是中国水稻生产大省,是典型的高纬度北方寒地粳稻稻作区,已有百余年的栽培历史。20 世纪 80 年代初期,全国水稻种植面积逐步减少,但是北方水稻种植面积反而增长。自 20 世纪 80 年代以来,黑龙江省水稻种植面积一直呈递增的趋势发展,2020 年种植面积达到 5 808 万亩,约占粮食作物种植面积的四分之一。目前,稻瘟病、纹枯病、立枯病和恶苗病等病害是黑龙江省水稻种植区的主要病害,其中,稻瘟病在危害品种数量和影响水稻种植面积上都尤为突出。稻瘟病是由灰梨孢或稻梨孢的子囊菌引起的真菌性病害。在《天工开物》中的"稻灾篇"可以找到"发炎火"等关于稻瘟病的详细记载,稻瘟病又有稻热病、火烧瘟、吊头瘟等不同称呼。在水稻生长的不同时期、不同部位均会发病。稻瘟病发病快、感染能力强,具有流行性、突发性和毁灭性等特点,严重的病情会威胁水稻安全生产;一般造成 10%~20% 的产量损失,严重的可达到减产一半,甚至导致绝产。

造成黑龙江省稻瘟病发生的原因有:①黑龙江省是一季稻作区,基本在 7 月中旬至 8 月上旬水稻处于生长发育期,此时的温度在稻瘟病发病条件之内,同时寡照、多湿的天气条件,有利于稻瘟病的发生。②黑龙江省水稻品种种植的单一化,导致稻瘟病菌优势生理小种发生变化,并大量积累,为稻瘟病的流行创造了必要的先决条件。③近年来,黑龙江省水稻优质米种植面积大,而且大部分为不抗病品种,这为稻瘟病的发生提供了寄主条件。

1.2 稻瘟病研究进展

1.2.1 稻瘟病菌生理特性

稻瘟病菌属半知菌亚门梨孢菌属,有性态为 *Magnaporthe grisea* (Hebert) Barr. ,无性态为 *Pyricularia grisea* (Cooke) Sacc. 。在水稻的各个生育期、各个部位都可能发生稻瘟病。高温、高湿的环境是稻瘟病菌生长发育的有利条件,在沿海、沿江以及经常降雨的地区,水稻易发生稻瘟病。稻瘟病菌以分生孢子和菌丝体形式越冬,当气温升到 20 ℃ 左右时,就能不断产生分生孢子,分生孢子借助风雨传播。病原菌产生出芽管,透过细胞壁进入植株体内进行侵染,在植株表面形成不同程度的稻瘟病病斑。肖满开等人通过对稻瘟病的发生历史进行分析,将稻瘟病的发生生态型分为暴发型和常态型 2 种,其中暴发型包括气候品种互作型、品种决定型,常态型包括地域发生型和肥料主导型。稻瘟病在水稻不同生长时期、不同部位均可发生。根据危害部位不同可分为苗瘟、叶瘟、节瘟、穗颈瘟、谷粒瘟等,其中叶瘟和穗颈瘟危害最大。

1.2.2 稻瘟病菌种群的变异性

稻瘟病菌种群具有复杂的变异性,不同生态区及不同水稻品种间稻瘟病菌生理小种组成有明显差异。同一水稻品种叶瘟和穗颈瘟生理小种组成也有差异,穗颈瘟生理小种组成同叶瘟相比较复杂,致病性比叶瘟强;同一水稻品种不同叶片、不同病穗乃至同一叶片不同病斑间都可测出不同生理小种,而且每个生理小种的致病性也不相同。

有关稻瘟病菌生理小种的研究开展多年,众多学者发现它的变异性十分复杂而且变异方向不确定,单个孢子培养可生成多种类型生理小种的稻瘟病菌,即使是从单个病斑上分离出的稻瘟病菌,其致病性也存在着极大的不同。Hamer 等在稻瘟病菌中分离克隆出了一些不同大小的 DNA 片段,结果显示它们拥有很高的多态性。稻瘟病菌的这些多态性的本质是变异产生的主要原因,导致这些变异的因素主要有突变、有性杂交和异核作用,此外寄主定向选择、迁移、同源重组、位置效应等也是稻瘟病菌变异的原因。Kiyosawa 认为突变是稻瘟病菌产生新生理小种并可以长时间生存的主要原因,与此同时他也得出了稻瘟病菌的突变频率为 8%~12%。有研究人员的研究结果表明异核现象是造成稻瘟病菌突变的主要因素。但是也并不是所有人都同意这种说法。Gao 等人利用分子标记和独立遗传学技术对美国的 500 多株稻瘟病菌进行了试验,发现了异核体和重组新个体。上述研究虽然存在些许差异,但是研究者们对于稻瘟病菌生理小种的多样性和复杂性的观点是一致的。

1.2.3　稻瘟病菌生理小种的分类与命名

稻瘟病菌生理小种划分是根据菌株对水稻鉴别品种致病性的差异进行的,有日本学者于 1922 年第一次报道了稻瘟病菌存在不同的致病菌系,到 1961 年日本确立了一套由 12 个水稻品种组成的鉴别稻瘟病菌生理小种的体系。中国于 20 世纪 80 年代筛选出与国际稻瘟病菌生理小种鉴别体系大致相同的鉴别体系,以特特普、关东 51、珍龙 13、合江 18、四丰 13、东农 363 及丽江新团黑谷 7个水稻品种为鉴别稻瘟病菌的水稻品种,并按照由抗病到感病的顺序将 7 个鉴别品种对应排列为 A、B、C、D、E、F、G,其中特特普(A)、珍龙 13(B)、四丰 13(C)是籼稻品种,东农 363(D)、关东 51(E)、合江 18(F)及丽江新团黑谷(G)是粳稻品种。凡是对鉴别品种 A 有致病性的稻瘟病菌就划分为 ZA(Z 代表中国)群生理小种,若对鉴别品种 A 无致病性,对鉴别品种 B 有致病性,则划分为 ZB群生理小种,依次类推可以将稻瘟病菌划分为 7 群小种(ZA、ZB、ZC、ZD、ZE、ZF、ZG)。同一群的稻瘟病菌生理小种,根据其在分群品种后面的各个鉴别品种的致病性来划分,用阿拉伯数字表示。对籼稻鉴别品种致病的为籼型小种,对粳稻鉴别品种致病的为粳型小种。利用中国稻瘟病菌生理小种鉴别体系将来源于全国不同水稻种植区的 827 个稻瘟病菌株划分为 7 群 43 个生理小种。张俊华等人利用中国稻瘟病菌生理小种鉴别体系,将来源于黑龙江省不同地区的 268 个稻瘟病单孢菌株划分为 7 群 31 个生理小种。王桂玲等人利用中国稻瘟病菌生理小种鉴别体系将来源于黑龙江省 5 个主要稻区 30 个市县的稻瘟病菌单孢菌株鉴定为 7 群 31 个生理小种,基本上明晰了黑龙江省稻瘟病菌生理小种的类别和分布情况。

1.2.4 稻瘟病菌的侵染机理研究

1.2.4.1 侵染机理假说

在漫长的研究过程中,人们长时间以为稻瘟病菌主要侵染水稻的地上组织,尤其是叶片。从这一点出发,人们提出了附着胞形成假说。研究人员发现,水稻表面的性质与附着胞的形成有一定关系。Till 等人发现,分生孢子与接触基物表面的理化性质是附着胞形成的必需条件。Lee 等人发现,疏水性表面是附着胞形成的优势条件。稻瘟病菌依靠附着胞侵染水稻,稻瘟病菌一般情况下都以分生孢子或者是菌丝的形式隐藏在稻草中过冬,等到第二年条件适宜的时候便会产生大量分生孢子,通过风力传播,散布到水稻的水上部分,黏附在叶片等部位。

随着时代的进步,分子生物学技术也在发生着日新月异的变化,由此人们对稻瘟病菌也有了更深的了解。有关稻瘟病菌分类和侵染方式的新观点也不断涌现。

其实早在 20 世纪 80 年代就有人提出了稻瘟病菌家族成员中还应含有那些能从根部侵染并使多种禾谷类植物致病的病菌,与此同时他们也对稻瘟病菌的分类提出了怀疑。现在的稻瘟病菌分类中已经把可以侵染根部的病菌如 *M. poae* 和 *M. Rhizophila* 划分到了稻瘟病菌中。随着相关研究的不断开展,人们又发现了一些可以通过根部侵染小麦、大麦的稻瘟病菌。Sesma 等人利用前人的研究成果,通过绿色荧光蛋白标记的方式,从细胞学、抗感关系、基因对基因假说、线粒体载体蛋白的同源性等多方面证实稻瘟病菌具有从根部入侵植株的病原菌的典型的生物学性质,确定了稻瘟病菌可以从根部侵染宿主的事实,从而进一步证明了稻瘟病菌只能侵染水稻地上部位的观点是错误的。研究人员在利用稻瘟病菌侵染大麦和小麦的根部的试验中发现稻瘟病菌对有些寄主的侵染是有组织特异性的。Sesma 等人在研究稻瘟病菌侵染水稻根部的试验中,在已感染稻瘟病菌的水稻根部并未发现黑色的附着胞,稻瘟病菌只是通过菌丝的扩张生成栓状的侵染结构,这种菌丝可以像针一样刺穿细胞完成侵染。稻瘟病菌侵染根部的其他步骤与侵染地上组织基本相同。值得我们注意的是,Sesma等人用绿色荧光蛋白标记的稻瘟病菌侵染植株根部后,有大约10%的植株在其地上部分也会有稻瘟病菌侵染症状出现。

1.2.4.2 稻瘟病菌致病机理

稻瘟病的发病主要是由于分生孢子的附着作用。侵染过程从分生孢子接触水稻叶片开始,分生孢子前段可以释放黏胶状物质紧紧附着在寄主上。而后分生孢子萌发形成发芽管,发芽管又特异性分化产生具黑色素的附着胞。附着胞产生侵染栓穿透寄主细胞,并向邻近细胞扩展发病,形成中心病株。整个侵染过程为5~7天。之后菌丝在宿主体内大量繁殖,破坏寄主细胞,使水稻减产,甚至颗粒无收。侵染完成后,寄主中的病原菌又会以分生孢子的形态在病稻上越冬,待次年借助气流传播,遇温度、湿度、光照等环境条件适宜再度萌发,形成恶性循环。

1.2.5 稻瘟病的防治

目前,化学防治、生物防治及合理栽培管理等方法仍然是防治稻瘟病的主要手段。化学防治是防治稻瘟病最主要、有效的方法,它有经济、高效、简单等优点,不过化学药剂也带来了环境污染、生态破坏及耐药性等严重问题。目前,广泛使用的化学药剂有三环唑、富士一号和咪鲜胺等。生物防治主要利用生物活体或者有生物活性的代谢产物来防治病虫害、杂草和调节植物生长代谢。生物农药根据来源主要划分为微生物源农药及植物源农药,它有药害比化学药剂低、农药来源广、不容易产生耐药性、环境兼容性强等优点。有研究显示,蜡状芽孢杆菌和枯草芽孢杆菌等对稻瘟病菌都有较强的抑制作用,鲜黄链霉素WM2-4等很多放线菌对稻瘟病菌也有很强的抑制作用,哈茨木霉NF9菌株等几种木霉属真菌对稻瘟病也有非常好的控制效果,木荷、孜然种子、樟树等的提取物对稻瘟病有良好的抑制效果。水稻品种轮种、抗感品种混合间栽以及良好田间管理也都能达到良好的防治稻瘟病的效果,朱有勇等利用抗感品种混合间栽,使稻瘟病感病品种(糯稻)产量提高较大。

虽然有效的稻瘟病防治措施可使稻瘟病得到一定的控制,但多年来化学药剂等的使用不仅无法从根本上解决稻瘟病,还使水稻种植区的环境恶化;生物防治现阶段多处于研究阶段,且成本不菲;利用栽培上的调整及稻田管理防治稻瘟病给大规模机械化生产带来不少难题。利用生物防治手段,使用微生物源农药或培育新的抗病品种可减少种植成本,对环境友好,对人类无危害,因此就成为防治稻瘟病的理想选择。此外合理的栽培管理、田间的水肥平衡不仅促进水稻生长,同时可以提高水稻抗逆能力。防治稻瘟病最经济、安全、有效的方法就是将化学防治、生物防治及合理栽培管理结合起来实施综合防治。然而,黑龙江省水稻种植历史短,再加上绿色农业的要求,目前对稻瘟病的防治仍主要依赖于稻瘟病抗性品种的培育。

1.3 水稻抗稻瘟病基因的研究

1.3.1 水稻抗稻瘟病基因的定位技术

21 世纪是生物科学蓬勃发展的年代,新的基因定位技术也层出不穷,它们被应用在了生物学的各个领域。基因定位技术多种多样,但是现阶段人们经常使用的主要是以下四种:经典遗传学法、同工酶标记、相互易位系法、DNA 分子标记法。

1.3.1.1 经典遗传学法

经典遗传学法定位基因包括细胞学标记法和形态标记法,主要是采用形态标记法。这些水稻的形态特征(例如植株的高度、穗的长度、种子的质量等)在科学并不是很发达的时期,为人们研究水稻品种和选育优良水稻品系提供了大量支持,植物的形态学特征和它们的一些生理特性是不可分割的,例如控制番茄幼苗的黄化与其抗烟草花叶病毒(TMV)特性的两种基因,在番茄的染色体上就是紧密连锁的。日本学者在很多年前就通过经典遗传学法定位了水稻的十多个抗稻瘟病基因,其中就包括了 *Pit* 和 *Pik*。

1.3.1.2　同工酶标记

同工酶广义上讲就是指存在于生物体内,催化相同化学反应而结构并不相同的酶。它们也都是由基因翻译合成的,同时参与生物体各种重要的代谢反应。不同的同工酶分子大小不同,结构也存在差异,电荷数也不相同,人们利用它们的这种特点对其进行电泳分析检验其是否存在。同工酶也可以作为一种遗传标记应用于一些基因定位试验中。$Pi6$ 和 $Pi17(t)$ 等抗病基因就是应用同工酶标记技术被人们检测出来的。

1.3.1.3　相互易位系法

相互易位(reciprocal translocation)就是不同源染色体间进行的部分片段相互交换,而引起的染色体结构变异。这种方法不能准确定位基因位置,但是可以确定这个基因在哪个连锁群上。它对于早期的水稻研究是很有用处的。利用放射线等因素进行诱变处理可实现染色体相互易位。相互易位个体和正常个体进行杂交,F_1 代花粉母细胞进行减数分裂形成 1 个四价染色体。这个四价染色体分离时会产生交替型和相邻型。相邻型由于染色体的重复或者缺失而不可育。所以相互易位杂交合体表现为半不育。不育的程度因为易位程度不同而表现为 30%~60% 的变异。相互易位后的个体自交后代的可育与不可育的表型比例为 1∶1。相互易位后产生的半不育特性可被看作一种"显性基因",其位点就是易位点。分析相互易位系与待定位检测基因亲本杂交的 F_2 代中半不育和待测性状的分离,可以推出易位点和待测基因的连锁关系,进而可以确定待定位基因所在染色体。

1.3.1.4　DNA 分子标记法

目前与基因定位相关的分子标记可以被分成几大类:第一类是以限制性酶切技术为基础的分子标记技术,即 RFLP(restriction fragment length polymorphism),即限制性内切酶片段长度多态性,王国梁等人将抗稻瘟病基因 $Pi9$ 定位在水稻的第 6 号染色体上,采用的便是 RFLP 技术。$Pi9$ 与两个 RFLP 标记 RG64 和 R2123 的遗传距离分别是 2.8 cM 和 2.7 cM。第二类是基于聚合酶链式反应(PCR)的分子标记技术,包括 RAPD 技术、RGA 标记、SCAR 技术、SSR

标记、SNP 标记和 InDel 标记。抗稻瘟病基因 $Pi-d2$ 就是利用此类技术定位在水稻第 6 条连锁群上的。它与两个遗传标记 RM527 和 RM3 的遗传距离分别为 3.2 cM 和 3.4 cM。第三类技术是第一类技术和第二类技术的整合,即以限制性酶切技术和 PCR 技术相结合的分子标记,包括 AFLP 技术和 CAPS 标记。

1.3.2 水稻抗稻瘟病基因的定位

不同品种的水稻对稻瘟病的抗性表现不同,且水稻的抗病性与稻瘟病菌生理小种间存在一定对应性。其抗性大致可以分为两类:主效基因抗性和微效基因抗性。主效基因抗性也被人们称为垂直抗性或完全抗性,是由主效基因控制的具有小种专一性的抗性,此抗性可以使稻瘟病菌无法繁殖,其性状通常由一对显性基因控制,这与 Flor 的基因对基因学说观点是一致的。微效基因抗性也叫水平抗性或不完全抗性,是由许多微效基因控制的可以叠加的抗性,通过植株的病情状况(一般为病斑的大小和数目的变化)而表现其作用。微效基因抗性不具有小种专一性,但它是广谱和持久的。由众多的数量性状位点(quantitative trait locus,QTL)控制。

水稻抗稻瘟病基因的遗传分析早在 20 世纪 20 年代便开始了,有关水稻品种的抗病基因的分析却并没有与之同步进行。自 20 世纪 60 年代开始,研究者用经典遗传学法从不同抗病品种中鉴定出不同的抗稻瘟病基因。近些年,随着分子生物学的迅速发展,人们利用各种 DNA 分子标记技术定位了更多的抗稻瘟病基因。这些抗稻瘟病基因中有些是主效基因,有些是微效基因。在稻瘟病抗性育种工作中主要利用水稻的主效基因,因此研究主效基因的报道较多。1966 年日本学者 Kiyosawa 和他的同事先后在 8 个位点(Pik、Pia、Pii、Piz、$Pita$、Pib、Pit、$Pish$)鉴定了 12 个抗病基因。Yu 等人利用近等基因系鉴定到了 $Pi1$、$Pi2$ 和 $Pi4$ 基因,分别定位于第 11 号、6 号和第 12 号染色体上;Wang 等人利用 CO39 与 Moroberekan 的重组自交系群体鉴定了抗病基因 $Pi5$ 和 $Pi7$,分别定位于第 9 号与第 11 号染色体上;1998 年 Pan 等人从云南的品种魔王谷中鉴定到 $Pi13$ 和 $Pi14$ 两个基因,并定位于第 6 号和第 2 号染色体上;Liu 等人应用 RAPD 技术检测发现 $Pi9$ 基因与 $Pi2$ 基因紧密连锁,都位于第 6 号染色体上。Berruyer 等人从 IR64 中鉴定到 $Pi33$ 基因,$Pi33$ 基因是目前已知的抗稻瘟病基因中抗谱较广的一个,用从 55 个国家收集到的 2 000 多个稻瘟病菌生理小种对 *Pi*33 基因的抗性进行检测,发现 *Pi*33 对其中绝大多数生理小种表现抗性;Chen 等人从中国的籼稻品种地谷中鉴定出 2 个抗病基因 *PiD*1 和 *PiD*2。迄今为止,通过分子标记技术,已至少鉴定了 60 个抗稻瘟病位点上的共 69 个主效基因(68 个为显性基因,1 个为隐性基因)。越来越多的抗稻瘟病基因的鉴定为水稻抗病育种工作提供了丰富的遗传资源,从而提高水稻的抗病作用并保证水稻产量。

抗稻瘟病基因的定位分析表明,在除第 3 号染色体以外的其他 11 条染色体上均发现了抗稻瘟病基因位点。同时,大部分的抗病基因集中分布在第 6号、第 11 号和第 12 号染色体上,占已鉴定基因数量的 58.4%。其中有些基因具有成簇分布的特点。在第 11 号染色体长臂的近末端区域,至少已经定位了 6个位点的几个稻瘟病抗病基因 *Pi*1、*Pi*7、*Pi*18、*Pi*44、*Pilm*2、*Pik*(等位基因 *Pik-s*、*Pik-m*、*Pik-h* 和 *Pik-p*)。在第 12 号染色体的近着丝粒区域,也存在着 1 个至少由 9 个稻瘟病抗病基因 *Pi*4、*Pi*6、*Pi*20、*Pi*32、*Pitq*6、*Pi*21、*Pi*31、*Pita* 和 *Pita*-2组成的抗病基因簇。这些基因簇一般属于一个基因家族,这与拟南芥等其他植物相似,它们的抗病基因常常以基因家族的形式存在于基因组中。

部分已经定位的抗稻瘟病基因的具体信息见表 1-1。

表 1-1 部分已定位的抗稻瘟病基因

染色体	基因	供体品种	作图群体	连锁标记
1	*Pi*27	Q14	F_2	RM151(12. 1 cM),RM259(9. 8 cM)
	*Pi*35	Hokkai188	F_2、F_3	RM1216~RM1003
	*Pi*37	St. No. 1	F_2	RM543(0. 7 cM),RM319(1. 6 cM)
	Pit	K59	F_2	R1613、t256
	Pish	Shin-2	F_2	RM212、OSR3

续表

染色体	基因	供体品种	作图群体	连锁标记
2	Pib	Tohoku IL9	—	G7010
	Pid1	地谷	F_2	G1314A(1.2 cM),G45(10.6 cM)
	Pi14	魔王谷	F_2	Amp-1
	P16	Aus373	F_2	Amp-1
	Pitq5	特青	RIL	RG520,RZ446b
	Pig	Guangchangzhan	F_2,BC_1F_2	RM166(4.0 cM),RM208(6.3 cM)
4	Pi45	Moroberekan	—	RM17499,RM17511
	Pi46	突变体 H4	—	RM6748,RM5473(3.2 cM)
	Pi21	Owarihatamochi	F_4	G271(5.0 cM),G317(8.5 cM)
	Pi63	Kahei	—	
5	Pi10	Tongil	RIL	RRF6(3.8 cM),RRH18(2.9 cM)
	Pi23	Suweon365	F_2	RM164,RM249
	Piz	Fukunishiki	F_2	Z56592
	Pi2	51T3	F_2	RG64(2.8 cM)
6	Pi9	小粒野生稻	F_2	RG64(2.8 cM)
	Piz-t	Toride 1	F_2	Z56591
	Pigm	谷梅 4 号	F_2,BC_1F_1	C5483,C0428
	Pi50	28 占	F_2,BC_1F_2	RG64,R2132
	Pid2	地谷	F_2	RM527(3.2 cM), RM3(3.4 cM)
	Pd3	地谷	F_2	—
	Pi25	谷梅 2 号	RIL	A7,RG456
	Pi8	Kasalath	F_2	Amp-3,Pgi-2
	Pi13	魔王谷	F_3	Amp-3
	Pi22	Suweon365	—	—
	Pi26	谷梅 2 号	RIL	B10(5.7 cM), R674(25.8 cM)
	Pi40	澳洲野生稻	F_2	RM527(1.1 cM), RM3330(2.4 cM)
	Pitq1	特青	RIL	C236,RG653
7	Pi17	DJ123	F_2	Est9

续表

染色体	基因	供体品种	作图群体	连锁标记
8	*Pi*11、*Pizh*	窄叶青 8 号	DHL	BP127A(14.9 cM)
	*Pi*33	IR64	DHL	Y2643L(0.9 cM), RM72(0.7 cM)
	*Pi*42	浙 733	RIL	RM310, RM72
	*Pi*55	粤晶丝苗 2 号	F_4	RM1345, H66
	PiGD-1	三黄占 2 号	RIL	RG1034
	*Pi*36	Q61	F_2	RM5647, CRG2
9	*Pi*5、*Pi*3、*Pii*	RIL260	F_2, F_3	S04G03
	*Pi*56	三黄占 2 号	F_2, F_3	RM24022
	*Pi*15	GA25	F_2	CRG5, CRG2
10	*PiGD*-2	三黄占 2 号	RIL	R16, R14B
11	*Pia*	Aichi Asahi	F_2	A17, A25
	*Pi-CO*39	CO39	F_2, F_3	S2712(1.0 cM), CDO226
	Pif	St No. 1	F_2	与 *Pik* 连锁
	*Pihk*1	黑壳子粳	F_2, RIL	RM7654
	Pik	Kusabue	F_2	RM1233, RM224
	*Pi*1	LAC23	F_2	RZ536, MGR4766
	Pikh、*Pi*54	K3	F_2	RM224
	Pikm	Tsuyuake	F_2	K33
	Pikp	K60	F_2	K3957
	Piks	Shin 2, Norin	F_2	RM224
	Pikg	GA20	F_2	与 *Pik* 连锁
	*Pi*7	Moroberekan	RIL	RG103A, RG16, S12886
	*Pi*12	Moroberekan	—	—
	*Pi*18	Suweon 365	F_2	RZ536(5.4 cM)
	*Pi*34	Chubu 32	F_3	C1172, C30038
	*Pi*38	Tadukan	F_2	RM21, AF1
	*Pi*43	浙 733	RIL	RM1233, RM224
	*Pi*44	Moroberekan	F_2	AF349(3.3 cM)
	*Pi*46	突变体 H4	—	RM224(1.04 cM), RM27360(1.2 cM)
	*Pi*47	Xiangzi3150	—	RM206, RM224
	*Pib*1	Modan	F_2	S723, C189(1.2 cM)
	*Pilm*2	Lemont	RIL	R4, RZ536
	Piy	云引	F_2	RM202
	Pizy	子预 44	RIL	RM206

续表

染色体	基因	供体品种	作图群体	连锁标记
	Pita	C101PKT	F_2，RIL	RG241(5.2 cM)，RZ397(3.3 cM)
	*Pita*2	Pi No.4	F_2	RM155,RM7102
	Pitan	Nakei212	—	—
	*Pi*6	Apura	DHL	RG869，RG397
	*Pi*19	Aichi Asahi	F_2	与 *Pia* 连锁
	*Pi*20	IR24	RIL	XNph88(1.0 cM)
	*Pi*21	Suweon365	F_3，F_4	G271，G317
	*Pi*24	中 156	RIL	RG241A
12	*Pi*39	Q15	F_2	RM27933(0.09 cM)，RM27940(0.18 cM)
	*Pi*41	Nov-93	F_2	RM28130
	*Pi*42	DHR9	F_2	RM2529，RM133
	*Pi*48	Xiangzi3150	F_2	RM5364，RM7102
	*Pi*62	Yashiro-mochi	F_2	—
	*Pi*157	Moroberekan	RIL	RG341,RG9
	*Pih*1	红脚占	F_2	RG869(5.1 cM)，RG81(6.5 cM)
	*Pitq*6	特青	RIL	RG869，RZ397
	PiGD-3	三黄占 2 号	RIL	RM179(4.8 cM)

1.3.3　水稻抗稻瘟病基因的克隆

随着第一个植物抗病基因即番茄抗病基因 *Pto* 的成功克隆,人们已经在基因克隆的道路上走了很远。基因克隆就是将已经定位的基因从整个染色体中分离出来,然后通过测序获得这个基因的全部碱基序列,最后进行后续的深入研究。迄今为止,人们用来克隆水稻基因的方法主要是图位克隆。

图位克隆又称为定位克隆,它根据基因在染色体上的位置不同,按照需要分离出我们所要的 DNA 片段,想要分离得到该基因,我们还必须拥有与该基因紧密连锁的分子标记,利用遗传作图和物理作图可以将所需要的基因进行定位,与此同时,还要构建一个大的插入片段的基因文库,最终通过人工选择便可以得到目的基因。在对水稻抗稻瘟病基因进行克隆的过程中,*Pi9*、*Pita* 和 *Pizt* 等抗稻瘟病基因都是通过图位克隆的方法成功分离得到的。

随着籼稻 9311 和粳稻日本晴两个亚种的全部基因组测序工作完成,水稻基因克隆技术也得到了迅猛发展,电子克隆技术也随之产生,*Pi36*、*Pi37* 和 *Pid2* 这 3 个水稻抗稻瘟病基因就是利用这种技术成功分离的。与此同时,转座子标签等各种方法也被人们开发利用。

目前,已经有多个抗稻瘟病基因成功克隆,本书列举若干,如表 1-2 所示。

表 1-2　已克隆的抗稻瘟病基因

染色体	基因	基因大小/bp	蛋白质类型
1	*Pish*	1 289	NBS-LRR
	Pit	989	NBS-LRR
	Pi37	1 290	NBS-LRR
2	*Pib*	1 251	NBS-LRR
4	*Pi21*	266	含脯氨酸的蛋白质
	Pi63	1 427	NBS-LRR
6	*Pi2*	1 032	NBS-LRR
	Pi9	1 032	NBS-LRR
	Pizt	1 033	NBS-LRR
	Pid2	441	受体激酶
	Pid3	923	NBS-LRR
	Pi25	923	NBS-LRR
8	*Pi36*	1 056	NBS-LRR
9	*Pi5*	1 025	NBS-LRR
	Pi56	744	NBS-LRR

续表

染色体	基因	基因大小/bp	蛋白质类型
	Pia	966、1 116	NBS-LRR
	Pik	1 143、1 052	NBS-LRR
	*Pi*1	1 143、1 021	NBS-LRR
11	*Pikh*、*Pi54*	330	NBS-LRR
	Pikm	1 143、1 021	NBS-LRR
	Pikp	1 142、1 021	NBS-LRR
	*Pb*1	1 296	NBS-LRR
12	*Pita*	928	NBS-LRR

1.3.4　抗稻瘟病基因的抗病机理

同其他植物一样,水稻也存在由分子模式识别受体(pattern recognition receptor, PRR)识别病原菌的相关分子模式(pathogen associatied molecular pattern, PAMP),从而激活对病原菌的一系列先天性免疫反应,即水稻的初级免疫系统(PAMP-triggered immunity, PTI)。这是植物的第一道主动防御防线,是一道基础性屏障。很多病原微生物随着进化产生一些效应蛋白,病原微生物分泌并运输这些效应蛋白进入植物细胞中,从而抑制植物的PTI。因此,一些没有抗稻瘟病基因的水稻品种出现感病现象,而有抗稻瘟病基因的水稻品种就会产生特异性更强的抗性蛋白来直接或间接识别稻瘟菌的效应蛋白,从而启动第二层免疫反应,即效应蛋白诱导的免疫反应(effector-triggered immunity, ETI),产生更强的抗病反应,且伴随着脂质过氧化反应、一氧化氮的生成和入侵位点的细胞程序性死亡(即过敏反应)等一系列的变化。水稻ETI主要是由一类具有核苷酸结合位点和富亮氨酸重复结构域(nucleotide binding site-leucine rich repeat, NBS-LRR)的受体蛋白调控的,NBS-LRR是植物中最大的抗病蛋白家族。NBS-LRR的N端是比较保守的核苷酸结合位点,主要负责ATP或GTP的水解及释放信号;NBS-LRR的C端是高度变异的富亮氨酸重复结构域,参与对病原菌无毒蛋白的识别及信号传导。根据N端序列差异可将NBS-LRR分为2

类:(1)具有白细胞介素受体结构域的 NBS-LRR;(2)具有卷曲的复式螺旋结构(coiled-coil domain, CC)的 NBS-LRR,即 CC-NBS-LRR。水稻中主要是 CC-NBS-LRR。

基因对基因假说认为病原菌分泌的因子作为受体与植物中相对应的抗性基因编码的抗病蛋白(配体)互作,进而引发植物的 ETI,表现出相应抗性,基因对基因假说能够解释水稻抗病基因与稻瘟病菌无毒基因互作的模式。植物中抗病蛋白识别病原菌无毒蛋白的方式主要有 3 类(如图 1-1):①直接识别的"受体配体"模型,即抗病蛋白通过直接与病原菌无毒蛋白互作而特异性识别病原菌;②间接识别的"守卫/诱捕"模型,即抗病蛋白通过监视无毒蛋白在宿主内对靶标蛋白或类似蛋白的修饰而间接识别病原菌;③间接识别的"诱饵"模型,指无毒蛋白与诱饵蛋白互作后抗病蛋白才识别无毒蛋白,进而识别病原菌。酵母双杂交及体外结合试验证明了水稻抗稻瘟病基因 *Pita* 表达的抗病蛋白(Pita)的 LRD 可以特异地结合无毒蛋白(Avr-Pita),Pita 的 LRD 或 Avr-Pita 的任何一个氨基酸改变都会导致它们之间的结合失败。当稻瘟病菌侵染时,含有抗稻瘟病基因的植株表达的 NBS-LRR 会特异性识别无毒蛋白,进而激发 ETI(如图 1-2)。

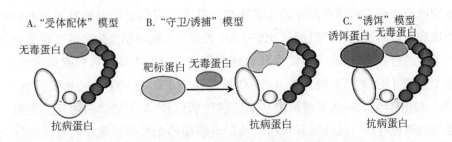

A."受体配体"模型　　B."守卫/诱捕"模型　　C."诱饵"模型
无毒蛋白　　靶标蛋白　无毒蛋白　　诱饵蛋白　无毒蛋白
抗病蛋白　　　　　　　抗病蛋白　　　　　　　抗病蛋白

图 1-1　植物抗病蛋白与病原菌无毒蛋白的识别模型

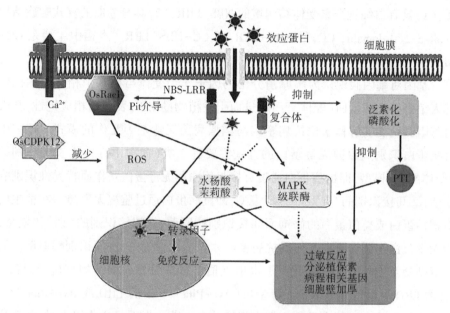

图 1-2   NBS-LRR 蛋白质介导的稻瘟病抗病反应示意图

水稻基因组中约有 500 个 NBS-LRR。目前已知能参与水稻抗病反应及识别病原菌分泌的效应蛋白非常少,稻瘟病菌中预测有超过 700 个效应蛋白,被鉴定能与水稻抗病蛋白互作的只有很少的几个。目前水稻中被鉴定出来的抗稻瘟病主效基因绝大多数都是 NBS-LRR 类型。水稻与稻瘟病菌的互作是一个持续性的过程,从稻瘟病菌侵染开始到水稻植株产生明显的抗病或感病结束。整个过程中包含无数的蛋白互作、信号传递及 PTI 与 ETI 相关基因的表达,NBS-LRR 会结合一些下游蛋白从而传递抗病信号,与下游蛋白的互作是更为复杂的调控过程。虽然随着水稻以及稻瘟病菌的全基因组测序与基因功能分析、稻瘟病菌侵染全过程的监测、一些水稻抗病蛋白与稻瘟病菌无毒蛋白互作得以证明等,人们一定程度了解了水稻与稻瘟病菌互作机制,但目前仍然有太多问题没有明晰,比如 NBS-LRR 与无毒蛋白特异识别的机制、抗病反应中其他相关基因的表达与调控及 NBS-LRR 等抗病蛋白如何介导和调控 PTI 与 ETI 途径等问题,整个抗病反应的调控过程仍需要进一步研究。

1.4 水稻抗稻瘟病育种

1.4.1 DNA 分子标记技术

DNA 分子标记是指能反映生物个体或种群间基因组中某种差异特征的 DNA 片段。它能够直接反映基因组 DNA 间的差异,而不受环境因素、发育阶段、基因是否表达等的影响,最能直观地反映生物的基因情况,并且 DNA 分子标记在生物基因组内数量丰富、遗传稳定,很多 DNA 分子标记是具有共显性的,对很多隐性性状研究很有帮助。分子生物学技术的迅猛发展促进了 DNA 分子标记技术的发展,目前常用的分子标记技术,如 RFLP、AFLP、STS、CAPS、SCAR、SSR、SNP、RAPD、ISSR 等被广泛应用于遗传育种、基因组作图、基因定位、物种亲缘关系鉴别、基因库构建和基因克隆等方面。

1.4.1.1 以限制性酶切技术为基础的分子标记技术

RFLP 即限制性内切酶片段长度多态性,它是人类发展最早的 DNA 标记技术, Grodzicker 等在 1974 年鉴定温度敏感表型的腺病毒 DNA 突变体时,利用经限制性内切酶酶解后得到的 DNA 片段的差异,创立了 RFLP 技术。采用 RFLP 技术构建遗传连锁图是由 Botstein 在 20 世纪 80 年代提出的。生物个体的碱基或染色体结构发生变化导致某些酶切位点的改变,从而使酶切片段长度、种类或数目不同,经过电泳显现出不同的带状分布,据此可对所比较样本进行多态性分析。RFLP 技术具有共显性、重复性好、多态性稳定等优势,但与此同时缺点很多,如操作复杂、成本较高、显影过程中应用的同位素对人体伤害较大。

1.4.1.2 以 PCR 技术为基础的分子标记技术

(1) RAPD 技术

RAPD 即随机扩增多态性。PAPD 技术建立在 PCR 基础上,是一种可以对未知序列全长进行多态性分析的技术。其原理与 PCR 技术一致。它以整个基因组全长作为合成模板,以小片段的人工合成核苷酸序列为引物,和 PCR 一样在 DNA 聚合酶的作用下进行扩增,最后通过染色和电泳分析对多态性进行系统分析比对找出基因组间的多态性。

RAPD 技术操作简单、多态性好而且效率很高,同时一对引物也可用在不同基因组中。此方法弥补了 RFLP 技术的很多缺点,如操作复杂、成本高等,PAPD 技术的试验结果能反映出整个基因组的变化,但在实际操作过程中重复性并不是很好,有时候难以区分出后代是纯合体或杂合体,且试验结果易受外界条件(如退火温度、Mg^{2+}浓度等)影响。

(2)RGA 标记

RGA(resistance gene analog)即抗病基因同源序列。利用已经掌握的抗性基因保守序列设计相应引物,然后以需要分析的植物的核 DNA 或者是 cDNA 为模板进行 PCR 扩增,如果扩增出同源序列,此序列便是抗性基因的类似物。由于 RGA 本身就是抗性基因,并且抗性基因会成簇分布在整个基因组中,所以对于抗性基因的快速定位、图位克隆和标记辅助选择可能会更加具有试验价值。但它也有一些缺点,如操作麻烦而且成本较高。

(3)SCAR 技术

SCAR 即序列特征化扩增区域。SCAR 技术是以 RAPD 为基础的标记技术。它的操作步骤和 RAPD 技术大致相同,先进行扩增,在扩增出的片段中挑选出与目的片段紧密连锁的,再对这些片段进行回收、克隆和测序,利用这些片段的序列设计引物,一般情况下会在引物的 3′和 5′端各自延长 14 bp,利用 3′和 5′端的各自 24 bp 的引物进行特异扩增。与传统的 RAPD 技术相比,SCAR 技术具有可靠性高、重复性好的优点,与此同时它揭示的信息可以做遗传图谱和物理图谱之间的锚定点,能够进行比较好的同源性或者图谱研究。

(4)SSR 标记

SSR 标记即简单序列重复标记。SSR 标记被人们称作微卫星标记,是由几个(一般为 1~6 个)碱基串联组成的小片段 DNA 序列,多数标记在 100 bp 以内。人们可以通过两种方式获得 SSR 标记:一是首先构建被测基因的基因组文库,再通过特定探针在文库中进行筛选,最后由筛选的测序结果设计 SSR 标记。二是通过信息检索获取相应的物种基因测序信息。SSR 标记具有很多特点,比如:它检测的是一个单一的多等位基因位点,它可以鉴别纯合体和杂合体,试验用的 DNA 量很少从而减少资金投入,它的专化性好,数量众多,能够覆盖整个基因组全长,试验的重复性高且结果准确性好,所选用的是保守序列且没有任何功能。近些年来关于水稻抗稻瘟病基因的研究和发现基本上都是通过 SSR 标记完成的。

(5)SNP 标记

SNP 标记(single nucleotide polymorphism)即单核苷酸多态性标记,是基因组水平上的一种多态性,是单个核苷酸的缺失、置换或者颠换所导致的 DNA 序列多态性,它在待测基因组的编码区和非编码区上均可以产生。这种突变既可以是同义突变,也可以是非同义突变。这种标记可以测定特定区域内的 DNA 序列并与其相关基因进行比较,由此获得 SNP 标记位点。SNP 标记具有很多特点,如数量多、分布广、具有很高的稳定性,它适用于快速、规模化的筛选,易于基因分型,同时它也有一些不足之处,比如所需数量多以至于试验成本高。

(6)InDel 标记

InDel 标记即插入缺失标记。多个核苷酸的插入或者缺失会引起 DNA 序列的变化,依据变化位点两侧的保守区域序列片段设计的标记便是 InDel 标记。粳稻品种日本晴和籼稻品种 9311 全基因组的测序基本完成,Feltus 等人对基因组进行了分析,得到了 40 多万个具有多态性的 DNA 位点,其中每 1 kb 中就有 0.11 kb InDel 标记。InDel 标记类似于 SNP 标记,但它的检测方法要比 SNP 标记简单得多。

1.4.1.3 限制性酶切技术和 PCR 技术相结合的分子标记

(1) AFLP 技术

AFLP 即扩增片段长度多态性。AFLP 技术依据限制性内切酶的酶切后酶切片段的核苷酸数量不同来检测 DNA 多态性。AFLP 技术对待测基因的 DNA 用两种酶酶切,再经过 PCR 扩增,对核苷酸序列进行选择。试验过程中酶切片段要连接与其具有共同黏性末端的人工接头,此黏性末端可在随后的 PCR 反应中作为引物的结合位点。与此同时,在末端分别添加 1~3 个选择性核苷酸的不同引物,达到选择性扩增的目的。AFLP 技术具有很多优点,例如:AFLP 标记的数量极多,多态性很高,DNA 用量少,效率高,分辨率高,重复性好,小量的 DNA 浓度改变便有充分显示,操作简便迅速。当然除了这些优点外,它也有一些自身局限性:整体花费较高,操作过程十分烦琐,获得标记过程耗时,对操作人员的个人操作技术要求十分苛刻,显示结果也有一定产生假阳性或假阴性的概率。

（2）CAPS 标记

CAPS(cleaved amplified polymorphism sequences) 即酶切扩增多态性序列,人们又称之为 RFLP-PCR,是对 PCR 结果进行限制性酶切,再对酶切结果进行分析。以 EST 或已发表的基因序列为基础,进而设计出相应的引物,然后再与限制性酶切相结合达到对待检测基因的多态性进行分析的目的。它根据已知的 DNA 片段序列排布,对应设计出一套专属的 PCR 引物,再依次用限制性内切酶进行切割、电泳检测,最后染色进行 RFLP 分析。CAPS 标记的特点有:不同种类内切酶的组合提高了待检测基因的多态性,可以对纯合体和杂合体进行区分鉴别,DNA 的用量极少并且浓度要求很低,操作简单迅速,对操作人员的技术要求不是很高。

1.4.2　分子标记辅助选择

1.4.2.1　分子标记辅助选择的原理与优点

分子标记辅助选择(MAS)的原理是通过分析与目的基因紧密连锁的分子标记的基因型来间接选择目的基因型,是将分子标记应用于作物改良过程中的一种辅助手段。MAS 的优点:①与传统的选择方法不同,MAS 是对基因型的直接选择,所以消除了环境影响。②可在作物生长的任何阶段进行选择,如作物幼苗期就可以对在成熟期表达的性状进行鉴定。③对表型鉴定十分困难的性状可以有效地进行鉴定,如抗病性等。④可同时对多个性状进行选择,可做到不同性状的聚合育种,快速完成对多个目标性状的同时改良。⑤共显性标记在当代即可区分纯合体和杂合体。⑥加速回交育种进程,克服不良性状连锁,有利于导入远缘优良基因。

对目的基因的选择为前景选择,其选择的准确性取决于标记与目的基因间连锁的紧密程度。如果只用目的基因一侧的 1 个标记来对目的基因进行选择,那么标记与目的基因间的连锁必须非常紧密,才能达到较高准确率。当目的基因与标记间的重组率小于 0.05,选择的准确率能达到 90%,如果重组率超过

0.10时,选择的准确率在80%以下。若同时用目的基因两侧相邻的2个标记进行选择,可大大提高选择的准确率。MAS也可以对基因组中除了目的基因之外的其他性状基因进行选择,这种选择称为背景选择。背景选择的对象几乎包括了整个基因组,因而涉及全基因组选择的问题。背景选择需在基因组中的各个染色体上选择多个标记来完成除目的基因外其他性状基因的选择。

1.4.2.2 MAS 在育种上的应用

MAS 在水稻抗稻瘟病育种中的应用主要是回交转移有利性状基因及进行多个基因的聚合。目前对质量性状的选择有较大的成效,而对数量性状的选择进展较缓慢。

（1）回交育种

MAS 在水稻育种中的作用主要体现在回交育种中。为了改善某品种的某一性状,常用的方法是以具有目的基因的另一品系为供体,以此品种为轮回亲本,经多次回交,将目的基因从供体亲本转入受体亲本,从而使轮回亲本的基因型变得更理想。在回交育种过程中,随着有利基因的导入,与有利基因连锁的不利基因也有可能导入。利用 MAS 对背景进行选择,并结合多次回交,使除目的基因以外的其他基因最大限度地恢复到轮回亲本。国内外通过利用 MAS 得到抗性品种的报道较多。Hittalmanni 等人在抗稻瘟病基因 Piz5 两侧连锁标记的辅助选择中,发现纯合抗病 F_2 代植株选择的准确率达 100%。李仕贵等人应用与抗稻瘟病基因 $Pid(t)$ 紧密连锁的 SSR 标记 RM262 对含有该抗病基因的品种地谷与感病品种江南香糯和 8987 的 F_2 代群体进行 MAS,结果发现应用该标记的抗性纯合和杂合带型选择抗性植株的准确率达 98% 以上。王忠华等人应用 Pita 共显性分子标记 YL155/YL87 和 YL183/YL87 对 350 个杂交 F_3 代株系进行早期阳性植株筛选,得到 118 个抗病基因 Pita 纯合的株系。陈志伟等人将抗稻瘟病基因 Pi1 导入受体亲本珍汕 97B、金山 B-1、金山 S-1 等保持系中,用与 Pi1 基因紧密连锁的分子标记 RM224 和 MRG4766 同时对杂种后代 Pi1 基因进行 MAS 的准确率高达 100%。刘士平等人通过 MAS 将广谱抗性基因 Pi1 导入珍汕 97B 中,获得了带有 Pi1 基因的 17 个株系。而在数量性状基因选择方面,理论上已经证明,对于正常分布的数量性状,MAS 比表型选择能获得更好的选择结果。

（2）基因聚合

基因聚合是将多个有利基因聚合到同一个品种之中，这些基因既可以控制相同的性状，也可以控制不同的性状，基因聚合突破了回交育种改良个别性状的局限，使得该品种同时获得多个性状的改良，从而得到更多的使用价值。在抗性育种工作中，育种者可以将多个抗性基因聚合到同一个品种中，提高作物抗病的持久性。目前 MAS 已成功应用于抗稻瘟病基因的聚合育种中。研究人员通过 MAS 将抗稻瘟病基因 $Pi1$、$Pi2$、$Pi4$ 聚合到同一品种中。陈学伟等人通过对地谷、BL-1、Pi4 号 3 个分别含有抗病基因 $Pid(t)1$、Pib、$Pita2$ 的抗稻瘟病材料进行聚合杂交，并利用抗病基因连锁的分子标记对杂交后代进行前景选择，在聚合杂交的 F_2 代群体中共获得 15 株聚合了 3 个抗病基因的单株个体。Hittalmanis 等人将抗稻瘟病基因 $Piz5$、$Pi1$、$Pita$ 聚合到了同一品种中，研究表明这些抗性基因同时聚合到一个品种时的抗性比单独存在时的抗性强，能感染单个基因的稻瘟病生理小种而不能侵染抗性基因聚合品种，说明这些抗性基因的抗病作用互相累加，从而增强了品种的抗性。倪大虎等人利用 MAS，将广谱抗白叶枯病的 $Xa21$ 基因和抗稻瘟病高抗基因 $Pi9(t)$ 聚合到同一个品种中，获得双抗病基因纯合且农艺性状稳定的植株。研究者还将抗性基因与抗虫基因聚合到同一品种中，使该品种同时得到抗病虫能力。Datta 等人通过杂交并利用分子标记进行选择，成功地聚合了白叶枯病抗性基因 $Xa21$、抗虫基因 Bt 和抗纹枯病基因 $RC7$。

在水稻抗稻瘟病新品种培育中，目前应用常规育种与 MAS 育种等已成功对多个品种进行了培育，如表 1-3 所示。

表 1-3　水稻抗稻瘟病育种实例

性状	基因	育种方法	备注
抗叶瘟、穗颈瘟	—	杂交育种	品种 Norin 22/23
抗稻瘟病	—	传统育种	抗稻瘟病 KDML105

续表

性状	基因	育种方法	备注
抗稻瘟病	Pib、$Pita$	常规育种	抗稻瘟病基因 近等基因系
抗稻瘟病	$Pi9(t)$	MAS(pB8 标记)	恢复系泸恢 17
抗稻瘟病	$Pi1$	MAS(SSR)	抗稻瘟病珍汕 97
抗稻瘟病	Pid、Pib、$Pita$	MAS(SSR 和 STS)	抗稻瘟病 G46B
抗稻瘟病、 抗白叶枯	$Pi1$、$Pi2$、$Xa23$	MAS(SSR)	抗稻瘟病新品系荣丰 B
抗稻瘟病	$Pi1$、$Pi2$、$Pi33$	MAS(SSR)	抗稻瘟病金 23B
抗稻瘟病	$Pi1$、$Pi2$	MAS(SSR)	抗稻瘟病 GD-7S
抗稻瘟病	$Pi1$、$Piz5$	MAS(SSR)	抗稻瘟病 PRR78
抗稻瘟病	$Pi1$、$Piz5$、$Pita$	MAS(RFLP)	抗稻瘟病品系 BL124

1.5　水稻品种空育 131 概况

　　水稻品种空育 131 是黑龙江省农垦科学院水稻研究所于 1990 年从吉林农业科学院水稻研究所引进的品种,原代号为垦鉴 90-31,由日本北海道中央农试场以空育 110/道北 36 杂交育成。1997 年 1 月通过黑龙江省农垦总局品种审定委员会认定推广,2000 年 3 月获得黑龙江省农作物审定委员会认定推广。空育 131 各性状如表 1-4 所示。空育 131 主要适种于黑龙江省各稻作区,尤其在第三积温带,丰产性好、早熟、米质优良、耐冷性强、适种区域广等优良的综合性状是空育 131 能够快速推广的根本原因。随着空育 131 在黑龙江省的广泛种植,空育 131 抗稻瘟病性差这个致命缺点也慢慢暴露出来,因此,培育出空育 131 抗稻瘟病改良品种是解决空育 131 抗稻瘟病性差的根本方法。

表 1-4　水稻空育 131 性状

性状	数值性能	性状	数值性能	性状	数值性能
生育日数/天	127	穗粒数/(粒·穗$^{-1}$)	80	碱消值/级	6.1
活动积温/℃	2 320	千粒重/g	26.5	胶稠度/mm	50.2
株高/cm	80	亩产/kg	525.63	苗瘟/级	9
主茎叶片数/片	11	直链淀粉含量/%	17.2	叶瘟/级	7
有效穗数/(穗·m^{-2})	530	蛋白质含量/%	7.41	穗颈瘟/级	7
成穗率/%	88	糙米率/%	83.1	耐冷性	强
穗长/cm	14	精米率/%	74.8		

注:数据主要来源于国家水稻数据中心。

参考文献

[1]MUTHAYYA S,SUGIMOTO J D,MONTGOMERY S,et al. An overview of global rice production, supply, trade, and consumption[J]. Annals of the New York Academy of Sciences,2014,1324(1):7-14.

[2]丁振辉,翟立强. 亚洲国家水稻消费现状与预测——一个多情景预测分析模型[J]. 消费经济,2013,29(4):18-22,57.

[3]宋幼良. 水稻育种的现状与方向[J]. 中国种业,2013(1):10-12.

[4]李黎红,倪建平,陈乾,等. 中国杂交水稻种业的发展和展望[J]. 种子,2013,32(2):56-60.

[5]方福平,程式华. 论中国水稻生产能力[J]. 中国水稻科学,2009,23(6):559-566.

[6]徐春春,周锡跃,李凤博,等. 中国水稻生产重心北移问题研究[J]. 农业经济问题,2013(7):35-40,111.

[7]刘珍环,李正国,唐鹏钦,等. 近30年中国水稻种植区域与产量时空变化分析[J]. 地理学报,2013,68(5):680-693.

[8]周明旭. 黑龙江省水稻生产可持续发展研究[D]. 长春:吉林大学,2014.

[9]VALENT B,KHANG C H. Recent advances in rice blast effector research[J]. Current Opinion in Plant Biology,2010,13(4):434-441.

[10] 王军,杨杰,杨金欢,等. *Pi-ta*、*Pi-b* 基因在江苏粳稻穗颈瘟抗性育种中的价值分析[J]. 华北农学报,2012,27(6):141-145.

[11] 程式华,李建. 现代中国水稻[M]. 北京:金盾出版社,2007.

[12] 王金明,林秀云,郭晓莉,等. 稻瘟病发生原因及防治措施[J]. 现代农业科技,2010(5):153.

[13] 姜丽霞,朱海霞,纪仰慧,等. 黑龙江省水稻稻瘟病研究进展[J]. 黑龙江农业科学,2008(3):134-136.

[14] 靳学慧,郭永霞,郑雯,等. 黑龙江省稻瘟病发生特点及 2007 年发生趋势的分析[J]. 北方水稻,2007(2):57-61.

[15] 宋福金. 黑龙江省水稻稻瘟病大发生的原因分析与对策[J]. 作物杂志,2006(1):69-70.

[16] 李大林,刘成才,李修平,等. 黑龙江省水稻生产存在的问题与建议[J]. 黑龙江农业科学,2015(1):23-26.

[17] 于清涛,肖佳雷,龙江雨,等. 黑龙江省水稻生产现状及其发展趋势[J]. 中国种业,2011(7):12-14.

[18] 刘春光,于文全,柴永山,等. 黑龙江省水稻生产发展现状分析[J]. 农业科技通讯,2012(2):5-6.

[19] 肖满开,刘家成. 稻瘟病生态型的划分及其意义[J]. 中国农学通报,1996,12(3):18-20.

[20] BAKER B,ZAMBRYSKI P,STASKAWICZ B,et al. Signaling in plant-microbe interactions[J]. Science,1997,276(5313):726-733.

[21] 孙国昌,杜新法,陶荣祥,等. 水稻稻瘟病防治策略和 21 世纪研究展望[J]. 植物病理学报,1998,28(4):289-292.

[22] 柏斌,吴俊,周波,等. 稻瘟病抗性分子育种研究综述[J]. 杂交水稻,2012,27(3):5-9.

[23] EMMETT R W,PARBERY D G. Appressoria[J]. Annual Review of Phytopathology,1975,13(1):147-165.

[24] HOWARD R J,VALENT B. Breaking and entering:host penetration by the fungal rice blast pathogen *Magnaporthe grisea*[J]. Annual Reviews in Microbiology,1996,50(1):491-512.

[25]UCHIYAMA T,OGASAWARA N,NANBA Y,et al. Conidial germination and appressorial formation of the plant pathogenic fungi on the coverglass or cellophane coated with various lipid components of plant leaf waxes[J]. Agricultural and Biological Chemistry,1979,43(2):383-384.

[26]RODRIGUES F Á,BENHAMOU N,DATNOFF L E,et al. Ultrastructural and cytochemical aspects of silicon-mediated rice blast resistance[J]. Phytopathology,2003,93(5):535-546.

[27]JELITTO T C,PAGE H A,READ N D. Role of external signals in regulating the pre-penetration phase of infection by the rice blast fungus,*Magnaporthe grisea*[J]. Planta,1994,194(4):471-477.

[28]LEE Y H,DEAN R A. Hydrophobicity of contact surface induces appressorium formation in *Magnaporthe grisea*[J]. FEMS Microbiology Letters,1994,115(1):71-75.

[29]HAMER J E,HOWARD R J,CHUMLEY F G,et al. A mechanism for surface attachment in spores of a plant pathogenic fungus[J]. Science,1988,239(4837):288-290.

[30]DE JONG J C,MCCORMACK B J,SMIRNOFF N,et al. Glycerol generates turgor in rice blast[J]. Nature,1997,389(6648):244.

[31]HOWARD R J,FERRARI M A. Role of melanin in appressorium function[J]. Experimental Mycology,1989,13(4):403-418.

[32]HOWARD R J,FERRARI M A. Penetration of hard substrates by a fungus employing enormous turgor pressures[J]. Proceedings of the National Academy of Sciences,1991,88(24):11281-11284.

[33]BOURETT T M,HOWARD R J. Actin in penetration pegs of the fungal rice blast pathogen,*Magnaporthe grisea*[J]. Protoplasma,1992,168(1-2):20-26.

[34]HEATH M C,VALENT B,HOWARD R J,et al. Correlations between cytologically detected plant-fungal interactions and pathogenicity of *Magnaporthe grisea* toward weeping lovegrass[J]. Phytopathology,1990,80(12):1382-1386.

[35]HEATH M C,VALENT B,HOWARD R J,et al. Interactions of two strains of *Magnaporthe grisea* with rice,goosegrass,and weeping lovegrass[J]. Canadian

Journal of Botany,1990,68(8):1627-1637.

[36]WILSON R A,TALBOT N J. Under pressure:investigating the biology of plant infection by *Magnaporthe oryzae*[J]. Nature Reviews Microbiology,2009,7 (3):185-195.

[37]PENG Y L,SHISHIYAMA J. Temporal sequence of cytological events in rice leaves infected with *Pyricularia oryzae*[J]. Canadian Journal of Botany,1988, 66(4):730-735.

[38]VALENT B,FARRALL L,CHUMLEY F G. *Magnaporthe grisea* genes for pathogenicity and virulence identified through a series of backcrosses[J]. Genetics, 1991,127(1):87-101.

[39]KANKANALA P,CZYMMEK K. Roles for rice membrane dynamics and plasmodesmata during biotrophic invasion by the blast fungus[J]. The Plant Cell, 2007,19(2):706-724.

[40]SCOTT D B,DEACON J W. *Magnaporthe rhizophila* sp. nov. ,a dark mycelial fungus with a *Phialophora* conidial state,from cereal roots in South Africa[J]. Transactions of the British Mycological Society,1983,81(1):77-81.

[41]CANNON P F. The newly recognized family Magnaporthaceae and its interrelationships[J]. Systema Ascomycetum,1994,13(1):25-42.

[42]DUFRESNE M,OSBOURN A E. Definition of tissue–specific and general requirements for plant infection in a phytopathogenic fungus[J]. Molecular Plant-Microbe Interactions,2001,14(3):300-307.

[43]SESMA A,OSBOURN A E. The rice leaf blast pathogen undergoes developmental processes typical of root-infecting fungi[J]. Nature,2004,431(7008): 582-586.

[44]张红生,吴云雨,鲍永美. 水稻与稻瘟病菌互作机制研究进展[J]. 南京农业大学学报,2012,35(5):1-8.

[45]HAMER J E,FARRALL L,ORBACH M J,et al. Host species-specific conservation of a family of repeated DNA sequences in the genome of a fungal plant pathogen[J]. Proceedings of the National Academy of Sciences,1989,86 (24):9981-9985.

[46] 李杨,王耀雯,王育荣,等. 水稻稻瘟病菌研究进展[J]. 广西农业科学,
　　 2010,41(8):789-792.

[47] 薛文君,黄敏,卢代华,等. 稻瘟病菌多样性研究进展[J]. 西南农业学报,
　　 2007,20(1):157-162.

[48] GAO W,KHANG C H,PARK S Y,et al. Evolution and organization of a highly
　　 dynamic,subtelomeric helicase gene family in the rice blast fungus *Magna-*
　　 porthe grisea[J]. Genetics,2002,162:103-112.

[49] 王海泉. 水稻稻瘟病品种抗病性鉴定技术的研究与应用[D]. 哈尔滨:东
　　 北农业大学,2003.

[50] 肖丹凤,张佩胜,王玲,等. 中国稻瘟病菌种群分布及优势生理小种的研究
　　 进展[J]. 中国水稻科学,2013,27(3):312-320.

[51] 吴成龙. 水稻不同抗性品种抗稻瘟病生理生化机制的研究[D]. 大庆:黑
　　 龙江八一农垦大学,2008.

[52] 江南,王素华,李智强,等. 水稻 *Pi2/9* 位点 3 个抗瘟基因的抗菌谱及稻瘟
　　 病菌遗传多样性分析[J]. 湖南农业大学学报(自然科学版),2012,38
　　 (5):506-510.

[53] 张俊华,孙洪利,刘洋大川,等. 黑龙江省稻瘟病菌生理小种鉴定[J]. 植物
　　 保护,2009,35(3):137-140.

[54] 王桂玲,宋成艳,刘乃生,等. 2007~2011 年黑龙江省稻瘟病菌生理小种鉴
　　 定[J]. 黑龙江农业科学,2012(11):58-61.

[55] 温小红,谢明杰,姜健,等. 水稻稻瘟病防治方法研究进展[J]. 中国农学通
　　 报,2013,29(3):190-195.

[56] 陈文胜,王永才. 水稻稻瘟病菌侵染机理及综合防治技术[J]. 现代农业科
　　 技,2014(6):168-169.

[57] 任艳. 水稻稻瘟病的防治措施[J]. 吉林农业,2014(15):86.

[58] 姚宇松. 水稻稻瘟病的综合防治措施[J]. 农技服务,2014,31(2):143.

[59] 唐金华,姬宪明. 水稻稻瘟病的发生及防治措施[J]. 现代农业,2007
　　 (9):20.

[60] 许大军. 水稻稻瘟病发生特点及防治措施[J]. 现代农业科技,2013
　　 (3):141.

[61] 梁亮,胡雪芳,刘卫萍,等. 20%寡聚酸碘对水稻稻瘟病的田间防治效果研究[J]. 中国农学通报,2013,29(36):351-354.

[62] 郭晓莉,刘晓梅,高德泉,等. 水稻稻瘟病防治技术研究[J]. 吉林农业科学,2010,35(6):40-42.

[63] 李永刚,宋兴舜,马凤鸣,等. 水稻稻瘟病拮抗菌 L1 鉴定及抑菌特性的初步研究[J]. 微生物学通报,2008,35(6):898-902.

[64] 邵杰. 生物农药研究进展[J]. 安徽科技学院学报,2008,22(5):10-14.

[65] 彭化贤,刘波微,陈小娟,等. 水稻稻瘟病拮抗细菌的筛选与防治初探[J]. 中国生物防治,2002,18(1):25-27.

[66] 穆常青,潘玮,陆庆光,等. 枯草芽孢杆菌对稻瘟病的防治效果评价及机制初探[J]. 中国生物防治,2006,22(2):158-160.

[67] 张芬,刘邮洲,于俊杰,等. 水稻稻瘟病菌拮抗细菌的筛选与鉴定[J]. 江苏农业学报,2011,27(3):505-509.

[68] 张芬. 水稻稻瘟病和白叶枯病拮抗细菌的筛选及防治作用研究[D]. 南京:南京农业大学,2011.

[69] 朱宏建,易图永,周鑫钰. 土壤放线菌生防活性物质的研究进展[J]. 作物研究,2007,21(2):149-151.

[70] 张海霞,王彦杰,孙冬梅,等. 一株拮抗稻瘟病菌的放线菌筛选及初步鉴定[J]. 黑龙江八一农垦大学学报,2010,22(2):15-19.

[71] 杜春梅,宋刚,赵丹,等. 稻瘟病拮抗菌 NK413 的鉴定及抑菌效果[J]. 植物保护,2010,36(6):77-81.

[72] 王巧兰,郭刚. 水稻稻瘟病生物防治研究进展[J]. 河南农业科学,2005(10):10-13.

[73] JEAN-BERCHMANS N,徐同,宋凤鸣,等. 哈茨木霉 NF9 菌株对水稻的诱导抗病性[J]. 中国生物防治,2003,19(3):111-114.

[74] 易磊,霍光华,韩启灿,等. 木荷皂甙对稻瘟病菌细胞形态及生理生化指标的影响[J]. 植物保护学报,2013,40(5):450-456.

[75] 罗诗龙,易国辉,谭巍,等. 复方白毛藤提取液防治稻瘟病初报[J]. 中国农学通报,2007,23(3):373-376.

[76] AMADIOHA A C. Controlling rice blast in vitro and in vivo with extracts of *Aza-*

dirachta indica[J]. Crop Protection,2000,19(5):287-290.

[77]张应烙,冯俊涛,王汝贤,等. 孜然提取物对几种病菌生物活性的初步研究 [J]. 西北农林科技大学学报(自然科学版),2003,31(5):77-79.

[78]ZHU Y,CHEN H,FAN J,et al. Genetic diversity and disease control in rice [J]. Nature,2000,406(6797):718-722.

[79]刘二明,朱有勇,肖放华,等. 水稻品种多样性混栽持续控制稻瘟病研究 [J]. 中国农业科学,2003,36(2):164-168.

[80]JANDER G,NORRIS S R,ROUNSLEY S D,et al. *Arabidopsis* map-based cloning in the post-genome era[J]. Plant Physiology,2002,129(2):440-450.

[81]赵雪,谢华,马荣才. 植物功能基因组研究中出现的新型分子标记[J]. 中国生物工程杂志,2007,27(8):92-98.

[82]HITTALMANI S,PARCO A,MEW T V,et al. Fine mapping and DNA marker-assisted pyramiding of the three major genes for blast resistance in rice[J]. Theoretical and Applied Genetics,2000,100(7):1121-1128.

[83]倪大虎,易成新,李莉,等. 分子标记辅助培育水稻抗白叶枯病和稻瘟病三基因聚合系[J]. 作物学报,2008,34(1):100-105.

[84]KOIDE Y,KAWASAKI A,TELEBANCO-YANORIA M J,et al. Development of pyramided lines with two resistance genes, *Pish* and *Pib*, for blast disease (*Magnaporthe oryzae* B. Couch) in rice(*Oryza sativa* L.)[J]. Plant Breeding,2010,129(6):670-675.

[85]JIANG H,FENG Y,BAO L,et al. Improving blast resistance of Jin 23B and its hybrid rice by marker-assisted gene pyramiding[J]. Molecular Breeding, 2012,30(4):1679-1688.

[86]张锦文,谭亚玲,洪汝科,等. 高原粳稻子预44抗稻瘟病基因遗传分析和定位[J]. 中国水稻科学,2009(1):31-35.

[87]NISHIZAWA Y,NISHIO Z Z,NAKAZONO K,et al. Enhanced resistance to blast(*Magnaporthe grisea*)in transgenic Japonica rice by constitutive expression of rice chitinase[J]. Theoretical and Applied Genetics,1999,99(3):383-390.

[88]饶志明,黄英金,肖晗,等. 农杆菌介导籼稻 *Xa*21 基因的转化及其遗传研

究[J]. 江西农业大学学报,2003,25(3):320-324.

[89]覃静萍,易自力,蒋建雄,等. 转溶菌酶基因水稻转育籼稻亲本 MH63 的抗瘟性鉴定[J]. 湖南农业大学学报(自然科学版),2005,31(4):409-411.

[90]易自力,王紫萱,覃静萍,等. 转溶菌酶基因水稻回交转育籼型杂交稻亲本[J]. 中国水稻科学,2006,20(2):147-152.

[91]王忠华,贾育林,吴殿星,等. 水稻抗稻瘟病基因 *Pi-ta* 的分子标记辅助选择[J]. 作物学报,2004,30(12):1259-1265.

[92]陈志伟,官华忠,吴为人,等. 稻瘟病抗性基因 *Pi-1* 连锁 SSR 标记的筛选和应用[J]. 福建农林大学学报(自然科学版),2005,34(1):74-77.

[93]HUANG N,ANGELES E R,DOMINGO J,et al. Pyramiding of bacterial blight resistance genes in rice:marker-assisted selection using RFLP and PCR[J]. Theoretical and Applied Genetics,1997,95(3):313-320.

[94]KIYOSAWA S. Genetics of blast resistance[J]. Rice Breeding,1972.

[95]PAN Q H,TANISAKA T,IKEHASHI H. Studies on the genetics and breeding of blast resistance in rice Ⅵ. Gene analysis for the blast resistance of two Yunnan native cultivars GA20 and GA25[J]. Breeding Science,1996,46(2):70.

[96]程罗根. 限制性片段长度多态性(RFLPS)及其原因[J]. 生物学杂志,1994(3):7-9.

[97]GRANT M R,GODIARD L,STRAUBE E,et al. Structure of the *Arabidopsis rpm*1 gene enabling dual specificity disease resistance[J]. Science,1995,269(5225):843-846.

[98]ZHUANG J Y,MA W B,WU J L,et al. Mapping of leaf and neck blast resistance genes with resistance gene analog,RAPD and RFLP in rice[J]. Euphytica,2002,128(3):363-370.

[99]HU J,VICK B A. Target region amplification polymorphism:a novel marker technique for plant genotyping[J]. Plant Molecular Biology Reporter,2003,21(3):289-294.

[100]杨勤忠,林菲,冯淑杰,等. 水稻稻瘟病抗性基因的分子定位及克隆研究进展[J]. 中国农业科学,2009,42(5):1601-1615.

[101]FJELLSTROM R,CONAWAY-BORMANS C A,MCCLUNG A M,et al. De-

velopment of DNA Markers suitable for marker assisted selection of three *Pi* genes conferring resistance to multiple *Pyricularia grisea* pathotypes[J], Crop Science, 2004, 44(5):1790-1798.

[102] CHEN D H, DELA VINA M, INUKAI T, et al. Molecular mapping of the blast resistance gene, *Pi44*(*t*), in a line derived from a durably resistant rice cultivar[J]. Theoretical and Applied Genetics, 1999, 98(6):1046-1053.

[103] CHEN X W, LI S G, XU J C, et al. Identification of two blast resistance genes in a rice variety, Digu[J]. Journal of Phytopatholog, 2004, 152(2):77-85.

[104] YU Z H, MACKILL D J, BONMAN J M, et al. Tagging genes for blast resistance in rice via linkage to RFLP markers[J]. Theoretical and Applied Genetics, 1991, 81(4):471-476.

[105] WANG G L, MACKILLD J, BONMAN J M, et al. RFLP mapping of genes conferring complete and partial resistance to blast in a durably resistant rice cultivar[J]. Genetics, 1994, 136(4):1421-1434.

[106] PAN Q H, WANG L, IKEHASHI H, et al. Identification of two new genes conferring resistance to rice blast in the Chinese native cultivar 'Maowangu' [J]. Plant Breeding, 1998, 117(1):27-31.

[107] BERRUYER R, ADREIT H, MILAZZO J, et al. Identification and fine mapping of *Pi33*, the rice resistance gene corresponding to the *Magnaporthe grisea* avirulence gene *ACE*1[J]. TAG. Theoretical and Applied Genetics. Theoretische and Angewandte Genetik, 2003, 107(6):1139-1147.

[108] AHN S N, KIM Y K, HONG H C, et al. Molecular mapping of a new gene for resistance to rice blast(*Pyricularia grisea* Sacc.)[J]. Euphytica, 2000, 116 (1):17-22.

[109] 董丽英, 徐兴芬. 水稻抗稻瘟病基因研究进展[J]. 云南农业科技, 2007 (3):25-26.

[110] BALLINI E, MOREL J B, DROC G, et al. A genome-wide meta-analysis of rice blast resistance genes and quantitative trait loci provides new insights into partial and complete resistance[J]. Molecular Plant-Microbe Interactions, 2008, 21(7):859-868.

[111]LIU Y,LIU B,ZHU X,et al. Fine-mapping and molecular marker develop-
    ment for *Pi56(t)*,a NBS-LRR gene conferring broad-spectrum resistance to
    Magnaporthe oryzae in rice[J]. Theoretical and Applied Genetics,2013,126
    (4):985-998.

[112]何秀英,王玲,吴伟怀,等. 水稻稻瘟病抗性基因的定位、克隆及育种应用
    研究进展[J]. 中国农学通报,2014,30(6):1-12.

[113]SHARMA T R,RAI A K,GUPTA S K,et al. Rice blast management through
    host-plant resistance:retrospect and prospects[J]. Agricultural Research,
    2012,1(1):37-52.

[114]HU M,WANG L,PAN Q. Identification and characterization of a new blast
    resistance gene located on rice chromosome 1 through linkage and differential
    analyses[J]. Phytopathology,2004,94(5):515-519.

[115]NGUYEN T T T,KOIZUMI S,LA T N,et al. *Pi35(t)*,a new gene conferring
    partial resistance to leaf blast in the rice cultivar Hokkai 188[J]. Theoretical
    and Applied Genetics,2006,113(4):697-704.

[116]CHEN S,WANG L,QUE Z,et al. Genetic and physical mapping of *Pi37(t)*,
    a new gene conferring resistance to rice blast in the famous cultivar St. No. 1
    [J]. Theoretical and Applied Genetics,2005,111(8):1563-1570.

[117]HAYASHI K,YOSHIDA H. Refunctionalization of the ancient rice blast di-
    sease resistance gene *Pit* by the recruitment of a retrotransposon as a promoter
    [J]. The Plant Journal,2008,57(3):413-425.

[118]TAKAHASHI A,HAYASHI N,MIYAO A,et al. Unique features of the rice
    blast resistance *Pish* llocus revealed by large scale retrotransposon-tagging
    [J]. BMC Plant Biology,2010,10:1-14.

[119]KOIDE Y,KAWASAKI A,TELEBANCO-YANORIA M J,et al. Development
    of pyramided lines with two resistance genes,*Pish* and *Pib*,for blast disease
    (*Magnaporthe oryzae* B. Couch) in rice(*Oryza sativa* L.)[J]. Plant Bree-
    ding,2010,129(6):670-675.

[120]WANG Z X. YANO M. YAMANOUCHI U,et al. The *Pib* gene for rice blast
    resistance belongs to the nucleotide binding and leucine-rich repeat class of

plant disease resistance genes[J]. The Plant Journal,1999,19(1):55-64.

[121]李仕贵,马玉清,王玉平,等. 籼稻品种地谷抗稻瘟病基因的遗传分析和定位[J]. 自然科学进展,2000,10(1):44-48.

[122]PAN Q H,WANG L,Tanisaka T. A new blast resistance gene identified in the Indian native rice cultivar Aus373 through allelism and linkage tests[J]. Plant Pathology,1999,48(2):288-293.

[123]TABIEN R E,LI Z,PATERSON A H,et al. Mapping of four major rice blast resistance genes from 'Lemont' and 'Teqing' and evaluation of their combinatorial effect for field resistance[J]. Theoretical and Applied Genetics, 2000,101(8):1215-1225.

[124]ZHOU J H,WANG J L,XU J C,et al. Identification and mapping of a rice blast resistance gene $Pi-g(t)$ in the cultivar Guangchangzhan[J]. Plant pathology,2004,53(2):191-196.

[125]KIM D M,JU H G,YANG P,et al. Mapping and race specific reaction of the resistance gene $Pi45(t)$ in rice[J]. Korean Journal of Breeding Science, 2011,43(1):42-49.

[126]KIM D M,JU H G,KANG J W,et al. A new rice variety 'Hwaweon 5' with durable resistance to rice blast[J]. Korean Journal of Breeding Science, 2013,45(2):142-147.

[127]MATSUSHITA K,YASUDA N,KOIZUMI S,et al. A novel blast resistance locus in a rice(Oryza sativa L.) cultivar,Chumroo,of Bhutan[J]. Euphytica, 2011,180(2):273-280.

[128]FUKUOKA S,OKUNO K. QTL analysis and mapping of pi21,a recessive gene for field resistance to rice blast in Japanese upland rice[J]. Theoretical and Applied Geneticss,2001,103(2):185-190.

[129]NAQVI N I,BONMAN J M,MACKILL D J,et al. Identification of RAPD markers linked to a major blast resistance gene in rice[J]. Molecular Breeding,1995,1(4):341-348.

[130]AHN S,KIM N Y K,HONG H C,et al. Molecular mapping of genes for resistance to Korean isolates of rice blast,harmonizing agricultural productivity and

conservation of biodiversity. Breeding and ecology [J]. 8th SABRAO Congress and Annual Meeting of Korean Breeding Society, 1997:435-436.

[131] INUKAI T, MACKILL D J, BONMAN J M, et al. Blast resistance genes *Pi2(t)* and *Pi-z* may be allelic [J]. Rice Genet Newsl, 1992,9:90-92.

[132] 吴金红,蒋江松,陈惠兰,等. 水稻稻瘟病抗性基因 *Pi-2(t)* 的精细定位 [J]. 作物学报,2002,28(4):505-509.

[133] YOKOO M, KIYOSAWA S. Inheritance of blast resistance of the rice variety, Toride 1, selected from the cross Norin 8× TKM. 1 [J]. Japanese Journal of Breeding, 1970,20(3):129-132.

[134] DENG Y W, ZHU X D, SHEN Y, et al. Genetic characterization and fine mapping of the blast resistance locus *Pigm(t)* tightly linked to *Pi2* and *Pi9* in a broad-spectrum resistant Chinese variety [J]. Theoretical and Applied Genetics, 2006,113(4):705-713.

[135] ZHU X Y, CHEN S, YANG J Y, et al. The identification of *Pi50(t)*, a new member of the rice blast resistance *Pi2/Pi9* multigene family [J]. Theoretical and Applied Genetics, 2012,124(7):1295-1304.

[136] SHANG J, TAO Y, CHEN X W, et al. Identification of a new rice blast resistance gene, *Pid3*, by genomewide comparison of paired nucleotide-binding site-leucine-rich repeat genes and their pseudogene alleles between the two sequenced rice genomes [J]. Genetics, 2009,182(4):1303-1311.

[137] 吴建利,柴荣耀,樊叶杨,等. 抗稻瘟病水稻材料谷梅 2 号中主效抗稻瘟病基因的成簇分布 [J]. 中国水稻科学,2004,18(6):93-95.

[138] PAN Q H, WANG L, IKEHASHI H, et al. Identification of a new blast resistance gene in the indica rice cultivar Kasalath using Japanese differential cultivars and isozyme markers [J]. Phytopathology, 1996,86(10):1071-1075.

[139] JEUNG J U, KIM B R, CHO Y C, et al. A novel gene, *Pi40(t)*, linked to the DNA markers derived from NBS-LRR motifs confers broad spectrum of blast resistance in rice [J]. Theoretical and Applied Genetics, 2007, 115(8): 1163-1177.

[140] TABIEN R E, LI Z, PATERSON A H, et al. Mapping of four major rice blast

resistance genes from 'Lemont' and 'Teqing' and evaluation of their combinatorial effect for field resistance[J]. Theoretical and Applied Genetics,2000,101(8):1215-1225.

[141]雷财林,王久林,毛世宏,等. 籼稻品种窄叶青 8 号抗稻瘟病基因分析[J]. 遗传学报,1997,24(1):36-42.

[142]LEE S,WAMISHE Y,JIA Y,et al. Identification of two major resistance genes against race IE-1k of *Magnaporthe oryzae* in the indica rice cultivar Zhe733[J]. Molecular Breeding,2009,24(2):127-134.

[143]何秀英,刘新琼,王丽,等. 稻瘟病新隐性抗病基因 *Pi*55(*t*)的遗传及定位[J]. 中国科学(生命科学),2012,42(2):125-134.

[144]LIU B,ZHANG S H,ZHU X Y,et al. Candidate defense genes as predictors of quantitative blast resistance in rice[J]. Molecular Plant-Microbe Interactions,2004,17(10):1146-1152.

[145]LIU X Q,WANG L,S CHEN,et al. Genetic and physical mapping of *Pi*36(*t*),a novel rice blast resistance gene located on rice chromosome 8[J]. Molecular Genetics and Genomics,2005,274(4):394-401.

[146]YI G,LEE S K,HONG Y K,et al. Use of *Pi*5(*t*) markers in marker-assisted selection to screen for cultivars with resistance to *Magnaporthe grisea*[J]. Theoretical and Applied Genetics,2004,109(5):978-985.

[147]JEON J S,CHEN D,YI G H,et al. Genetic and physical mapping of *Pi*5(*t*),a locus associated with broad-spectrum resistance to rice blast[J]. Molecular Genetics and Genomics,2003,269(2):280-289.

[148]LIN F,LIU Y,WANG L,et al. A high-resolution map of the rice blast resistance gene *Pi*15 constructed by sequence-ready markers[J]. Plant Breeding,2007,126(3):281-290.

[149]曾晓珊,杨先锋,赵正洪,等. 稻瘟病抗病基因 *Pia* 的抗性分析及精细定位[J]. 中国科学(生命科学),2011,41(1):70-77.

[150]CHAUHAN R,FARMAN M,ZHANG H B,et al. Genetic and physical mapping of a rice blast resistance locus,*Pi-CO*39(*t*),that corresponds to the avirulence gene *AVR1-CO*39 of *Magnaporthe grisea*[J]. Molecular Genetics

and Genomics,2002,267(5):603-612.

[151]李培富,史晓亮,王建飞,等. 太湖流域粳稻地方品种黑壳子粳抗稻瘟病基因的分子定位[J]. 中国水稻科学,2007,21(6):579-584.

[152]ZHAI C,LIN F,DONG Z Q,et al. The isolation and characterization of *Pik*,a rice blast resistance gene which emerged after rice domestication[J]. New Phytologist,2010,189(1):321-334.

[153]YU Z H,MACKILL D J,BONMAN J M,et al. Molecular mapping of genes for resistance to rice blast(*Pyricularia grisea* Sacc.)[J]. Theoretical and Applied Genetics,1996,93(5-6):859-863.

[154]XIN X,HAYASHI N,WANG C T,et al. Efficient authentic fine mapping of the rice blast resistance gene *Pik-h* in the *Pik* cluster,using new *Pik-h*-differentiating isolates[J]. Molecular Breeding,2008,22(2):289-299.

[155]LI L Y,WANG L,JING J X,et al. The *Pik^m* gene,conferring stable resistance to isolates of *Magnaporthe oryzae*,was finely mapped in a crossover-cold region on rice chromosome11[J]. Molecular Breeding,2007,20(2):179-188.

[156]WANG L,XU X K,LIN F,et al. Characterization of rice blast resistance genes in the *Pik* cluster and fine mapping of the *Pik-p* locus[J]. Phytopathology,2009,99(8):900-905.

[157]PAN Q,WANG L,TANISAKA T,et al. Allelism of rice blast resistance genes in two Chinese rice cultivars,and identification of two new resistance genes[J]. Plant Pathology,2002,47(2):165-170.

[158]CAMPBELL M A,CHEN D,RONALD P C. Development of co-dominant amplified polymorphic sequence markers in rice that flank the *Magnaporthe grisea* resistance gene *Pi7(t)* in recombinant inbred line 29[J]. Phytopathology,2004,94(3):302-307.

[159]INUKAI T,ZEIGLER R S,SARKARUNG S,et al. Development of pre-isogenic lines for rice blast-resistance by marker-aided selection from a recombinant inbred population[J]. Theoretical and Applied Genetics, 1996, 93(4):560-567.

[160]ZENBAYASHI K,ASHIZAWA T,TANI T,et al. Mapping of the QTL(quanti-

tative trait locus) conferring partial resistance to leaf blast in rice cultivar Chubu32[J]. Theoretical and Applied Genetics,2002,104(4):547-552.

[161]GOWDA M,ROY-BARMAN S,CHATTOO B B. Molecular mapping of a novel blast resistance gene *Pi*38 in rice using SSLP and AFLP markers[J]. Plant Breeding,2006,125(6):596-599.

[162]XIAO W,YANG Q,WANG H,et al. Identification and fine mapping of a resistance gene to *Magnaporthe oryzae* in a space-induced rice mutant[J]. Molecular Breeding,2011,28(3):303-312.

[163]HUANG H M,HUANG L,FENG G P,et al. Molecular mapping of the new blast resistance genes *Pi*47 and *Pi*48 in the durably resistant local rice cultivar Xiangzi 3150[J]. Phytopathology,2010,101(5):620-626.

[164]FUJII K,HAYANO-SAITO Y,SAITO K,et al. Identification of a RFLP marker tightly linked to the panicle blast resistance gene,*Pb*1,in rice[J]. Breeding Science,2000,50(3):183-188.

[165]张建福,王国英,谢华安,等. 粳稻云引抗稻瘟病基因的遗传分析及其定位[J]. 农业生物技术学报,2003,11(3):241-244.

[166]CAUSSE M A,FULTON T M,CHO Y G,et al. Saturated molecular map of the rice genome based on an interspecific backcross population[J]. Genetics, 1994,138(4):1251-1274.

[167]HAYASHI N,ANDO I,IMBE T. Identification of a new resistance gene to a Chinese blast fungus isolate in the Japanese rice cultivar Aichi Asahi[J]. Phytopathology,1998,88(8):822-827.

[168]LIU X Q, YANG Q Z, LIN F, et al. Identification and fine mapping of *Pi*39(*t*),a major gene conferring the broad-spectrum resistance to *Magnaporthe oryzae*[J]. Molecular Genetics and Genomics,2007,278(4):403-410.

[169]YANG Q Z,LIN F,WANG L,et al. Identification and mapping of *Pi*41,a major gene conferring resistance to rice blast in the *Oryza sativa* subsp. *indica* reference cultivar,93-11[J]. Theoretical and Applied Genetics,2009,118 (6):1027-1034.

[170]KUMAR P,PATHANIA S,KATOCH P,et al. Genetic and physical mapping

of blast resistance gene $Pi-42(t)$ on the short arm of rice chromosome 12 [J]. Molecular Breeding,2010,25(2):217-228.

[171]NAQVI N I,CHATTOOB B. Development of a sequence characterized amplified region(SCAR) based indirect selection method for a dominant blast-resistance gene in rice[J]. Genome,1996,39(1):26-30.

[172]郑康乐,钱惠荣,庄杰云,等. 应用 DNA 标记定位水稻的抗稻瘟病基因 [J]. 植物病理学报,1995,25(4):307-313.

[173]MARTIN G B,BROMMONSCHENKEL S H,CHUNWONGSE J,et al. Map-based cloning of a protein kinase gene conferring disease resistance in tomato [J]. Science,1993,262(5138):1432-1436.

[174]暴勇,魏建强,赵建民,等. 空育 131 适宜移栽密度确定试验[J]. 垦殖与 稻作,2006(A1):7-8.

[175]吴则东,王华忠. 基因克隆常用的方法及其在甜菜上的应用[J]. 中国糖 料,2011(2):59-62.

[176]鄂志国,张丽靖,焦桂爱,等. 稻瘟病抗性基因的鉴定及利用进展[J]. 中 国水稻科学,2008,22(5):533-540.

[177]车荣会. 抗病新质源 SADAJIRA 19-303 的遗传分析及抗性基因的定位 [D],福州:福建师范大学,2009.

[178]LIN F,CHEN S,QUE Z,et al. The blast resistance gene $Pi37$ encodes a nucleotide binding site-leucine-rich repeat protein and is a member of a resistance gene cluster on rice chromosome 1[J]. Genetics,2007,177(3):1871-1880.

[179]FUKUOKA S,SAKA N,KOGA H,et al. Loss of function of a proline-containing protein confers durable disease resistance in rice[J]. Science,2009,325 (5943):998-1001.

[180]ZHOU B,QU S,LIU G,et al. The eight amino-acid differences within three leucine-rich repeats between $Pi2$ and $Piz-t$ resistance proteins determine the resistance specificity to *Magnaporthe grisea*[J]. Molecular Plant-Microbe Interactions,2006,19(11):1216-1228.

[181]QU S,LIU G,ZHOU B,et al. The broad-spectrum blast resistance gene $Pi9$

encodes a nucleotide-binding site-leucine-rich repeat protein and is a member of a multigene family in ricee[J]. Genetics,2006,172(3):1901-1914.

[182]CHEN X,SHANG J,CHEN D,et al. AB-lectin receptor kinase gene conferring rice blast resistance[J]. The Plant Journal,2006,46(5):794-804.

[183]CHEN J,SHI Y,LIU W,et al. A *Pid3* allele from rice cultivar Gumei2 confers resistance to *Magnaporthe oryzae*[J]. Journal of Genetics and Genomics, 2011,38(5):209-216.

[184]LIU X,LIN F,WANG L,et al. The *in silico* map-based cloning of *Pi36*,a rice coiled-coil-nucleotide-binding site-leucine-rich repeat gene that confers race-specific resistance to the blast fungus[J]. Genetics,2007,176(4): 2541-2549.

[185]LEE S K,SONG M Y,SEO Y S,et al. Rice *Pi5*-mediated resistance to *Magnaporthe oryzae* requires the presence of two coiled-coil-nucleotide-binding-leucine-rich repeat genes[J]. Genetics,2009,181(4):1627-1638.

[186]OKUYAMA Y,KANZAKI H,ABE A,et al. A multifaceted genomics approach allows the isolation of the rice *Pia*-blast resistance gene consisting of two adjacent NBS-LRR protein genes[J]. The Plant Journal,2011,66(3):467 -479.

[187]HUA L,WU J,CHEN C,et al. The isolation of *Pi1*,an allele at the *Pik* locus which confers broad spectrum resistance to rice blast[J]. Theoretical and Applied Genetics,2012,125(5):1047-1055.

[188]SHARMA T R,MADHAV M S,SINGH B K,et al. High-resolution mapping, cloning and molecular characterization of the *Pi-k h* gene of rice,which confers resistance to *Magnaporthe grisea*[J]. Molecular Genetics and Genomics, 2005,274(6):569-578.

[189]ASHIKAWA I,HAYASHI N,YAMANE H,et al. Two adjacent nucleotide-binding site-leucine-rich repeat class genes are required to confer *Pikm*-specific rice blast resistance[J]. Genetics,2008,180(4):2267-2276.

[190]YUAN B,ZHAI C,WANG W,et al. The *Pik-p* resistance to *Magnaporthe oryzae* in rice is mediated by a pair of closely linked CC-NBS-LRR genes

[J]. Theoretical and Applied Genetics,2011,122(5):1017-1028.

[191]HAYASHI N,INOUE H,KATO T,et al. Durable panicle blast-resistance gene *Pb*1 encodes an atypical CC-NBS-LRR protein and was generated by acquiring a promoter through local genome duplication[J]. The Plant Journal,2010,64(3):498-510.

[192]BRYAN G T,WU K S,FARRALL L,et al. A single amino acid difference distinguishes resistant and susceptible alleles of the rice blast resistance gene *Pi-ta*[J]. The Plant Cell,2000,12(11):2033-2045.

[193]BOLLER T,FELIX G. A renaissance of elicitors:perception of microbe-associated molecular patterns and danger signals by pattern-recognition receptors [J]. Annual Review of Plant Biology,2009,60:379-406.

[194]JONES J D G,DANGL J L. The plant immune system[J]. Nature,2006,444 (7117),323-329.

[195]BLOCK A,ALFANO J R. Plant targets for *Pseudomonas syringae* type Ⅲ effectors:virulence targets or guarded decoys? [J]. Current Opinion in Microbiology,2011,14(1):39-46.

[196]DANGL J L,DIETRICH R A,RICHBERG M H. Death don't have no mercy: cell death programs in plant-microbe interactions[J]. The Plant Cell,1996,8 (10):1793.

[197]YU J,HU S,WANG J,et al. A draft sequence of the rice(*Oryza sativa* ssp. *indica*) genome[J]. Chinese Science Bulletin,2001,46(23):1937-1942.

[198]MEYERS B C,DICKERMAN A W,MICHELMORE R W,et al. Plant disease resistance genes encode members of an ancient and diverse protein family within the nucleotide-binding superfamily[J]. The Plant Journal,1999,20 (3):317-332.

[199]FLORH H. Current status of the gene-for-gene concept[J]. Annual Review of Phytopathology,1971,9(1):275-296.

[200]DODDS P N,RATHJEN J P. Plant immunity:towards an integrated view of plant-pathogen interactions [J]. Nature Reviews Genetics,2010,11(8): 539-548.

[201]高明君,何祖华. 水稻免疫机制研究进展[J]. 中国科学(生命科学),
2013,43(12):1016-1029.

[202]JIA Y,MCADAMS S A,BRYAN G T,et al. Direct interaction of resistance
gene and avirulence gene products confers rice blast resistance[J]. The EM-
BO Journal,2000,19(15):4004-4014.

[203]刘浩,陈志强,王加峰. 水稻 NBS-LRR 类抗稻瘟病基因研究进展[J]. 江
苏农业学报,2014,30(3):664-670.

[204]MONOSI B,WISSER R J,PENNILL L,et al. Full-genome analysis of resis-
tance gene homologues in rice[J]. Theoretical and Applied Genetics,2004,
109(7):1434-1447.

[205]DEAN R A,TALBOT N J,EBBOLE D J,et al. The genome sequence of the
rice blast fungus *Magnaporthe grisea*[J]. Nature, 2005, 434 (7036): 980
-986.

[206]孟英,许显滨,李炜,等. 分子标记(SSR)技术在水稻稻瘟病研究中的应用
及展望[J]. 黑龙江农业科学,2007(2):75-78.

[207]SENIOR M L,MURPHY J P,GOODMAN M M,et al. Utility of SSRs for de-
termining genetic similarities an relationships in maize using an agarose gel
system[J]. Crop Science,1998,38(4):1088-1089.

[208]STRUSS D,PLIESKE J. The use of microsatellite markers for detection of ge-
netic diversity in barley populations[J]. Theoretical and Applied Genetics,
1998,97:308-315.

[209]ABE J,XU D H,SUZUKI Y,et al. Soybean germplasm pools in Asia revealed
by nuclear SSRs[J]. Theoretical and Applied Genetics, 2003, 106 (3):
445-453.

[210]郭瑞星,刘小红,荣廷昭,等. 植物 SSR 标记的发展及其在遗传育种中的
应用[J]. 玉米科学,2005,13(2):8-11.

[211]TEMNYKH S, PARK W D,AYRES N,et al. Mapping and genome organiza-
tion of microsatellite sequences in rice(*Oryza sativa* L.)[J]. Theoretical and
Applied Genetics,2000,100(5):697-712.

[212]RIBAUT J M,HOISINGTON D. Marker-assisted selection:new tools and

strategies[J]. Trends in Plant Science,1998,3(6):236-239.

[213]颜群,朱汝财,李道远,等. 分子标记在水稻抗稻瘟病育种中的应用[J]. 种子,2007(3):44-46.

[214]陈红旗. 分子标记辅助聚合 3 个稻瘟病抗性基因[D]. 扬州:扬州大学,2005.

[215]权宝全. 水稻抗病虫基因的分子标记聚合育种研究[D]. 福州:福建农林大学,2008.

[216]李仕贵,王玉平,黎汉云,等. 利用微卫星标记鉴定水稻的稻瘟病抗性[J]. 生物工程学报,2000,16(3):324-327.

[217]刘士平,李信,汪朝阳,等. 利用分子标记辅助选择改良珍汕 97 的稻瘟病抗性[J]. 植物学报,2003,45(11):1346-1350.

[218]陈学伟,李仕贵,马玉清,等. 水稻抗稻瘟病基因 $Pi-d(t)\sim1$、$Pi-b$、$Pi-ta\sim2$ 的聚合及分子标记选择[J]. 生物工程学报,2004(5):708-714.

[219]倪大虎,易成新,李莉,等. 利用分子标记辅助选择聚合水稻基因 $Xa21$ 和 $Pi9(t)$[J]. 分子植物育种,2005,3(3):329-334.

[220]DATTA K,BAISAKH N,THET K M,et al. Pyramiding transgenes for multiple resistance in rice against bacterial blight,yellow stem borer and sheath blight[J]. Theoretical and Applied Genetics,2002,106(1):1-8.

[221]KORINSAK S,SIRITHUNYA P,MEAKWATANAKARN P,et al. Changing allele frequencies associated with specific resistance genes to leaf blast in backcross introgression lines of Khao Dawk Mali 105 developed from a conventional selection program[J]. Field Crops Research,2011,122(1):32-39.

[222]林秀华,刘凤艳,刘传琴,等. 三江一号与空育 131 综合性状调查对比分析[J]. 垦殖与稻作,2006(5):13-14.

[223]李广惠. 空育 131 水稻分蘖消长与叶龄进程的调查分析[J]. 垦殖与稻作,2003(5):6-8.

[224]罗生香,王倩,张帆,等. 水稻品种空育 131 的稻瘟菌致病菌株的遗传多样性分析[J]. 作物杂志,2013,29(4):133-136.

2 抗稻瘟病水稻品系空育 131($Pi9$)的培育

2.1 相关研究

$Pi9$ 基因源自小粒野生稻,是我国在国际上首次克隆的广谱高抗稻瘟病基因。$Pi9$ 是 CC-NBS-LRR 类基因,其 NBS 区域有两个内含子,长度分别是 5 362 bp 和 128 bp,$Pi9$ cDNA 全长 4 009 bp,包含 3 099 bp 编码区和 910 bp 3′UTR。在 P 环上游 107 个氨基酸位置有一个保守序列,Pi9 蛋白 C 末端是一个由 57 个氨基酸组成的非 LRR 区域。研究人员对来自 13 个国家的 43 个稻瘟病小种进行鉴定,发现 $Pi9$ 基因都表现出很高的抗性。$Pi9$ 基因被定位于第 6 号染色体上,与 $Pi2$、Piz、$Pigm$ 等互为等位基因关系。

近年来,寒区稻瘟病和螟虫危害面积逐年扩大,危害程度日趋严重,防治病虫害成为黑龙江省水稻生产必须面对的问题。培育及利用抗病、抗虫品种,是防治水稻病虫害的有效措施。水稻品种空育 131 早熟、优质、丰产、耐寒、适应性强,成为黑龙江省水稻种植面积最大的品种。但是,随着利用年限增加和种植面积扩大,稻瘟病对空育 131 的危害越来越严重。

本研究的目的在于利用 MAS 技术与回交育种相结合,将粳稻 K22 中的广谱高抗稻瘟病基因 $Pi9$ 导入空育 131 中,同时将其他基因恢复到轮回亲本空育 131 的遗传背景中,培育寒区抗稻瘟病水稻新品系空育 131($Pi9$)。

2.2　材料与方法

2.2.1　材料

2.2.1.1　植物材料

受体亲本:空育 131,黑龙江省主栽品种。

供体亲本:K22,携带抗稻瘟病基因 *Pi*9。

蒙古稻:稻瘟病普感品种,作为感病对照。

2.2.1.2　稻瘟病菌来源

每年水稻成熟期采集黑龙江省建三江地区及海南地区自然栽培的感病空育 131 穗颈瘟病样,自然风干,阴凉处保存备用。

2.2.1.3　SSR 标记

(1)前景选择和交换选择候选 SSR 标记

*Pi*9 基因位于水稻第 6 号染色体上,图 2-1 是 *Pi*9 基因与分子标记物理图谱。从图 2-1 中可知,与 *Pi*9 基因紧密连锁的分子标记有 AP5930、PI2-4、PI31、AP5659-3、AP22,选取这 5 个 SSR 标记作为前景选择候选 SSR 标记。选取位于 *Pi*9 基因两侧 SSR 标记 RM6836、RM527、RM19817、RM19887、RM19960、RM19961 作为交换选择候选 SSR 标记。

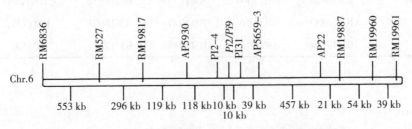

图 2-1　抗稻瘟病基因 *Pi*9 及 SSR 标记的物理图谱

（2）背景选择候选 SSR 标记

在水稻基因组 12 条染色体上，均匀选取覆盖整条染色体的 SSR 标记共 300 个作为背景选择候选 SSR 标记，见表 2-1。

表 2-1　背景选择候选 SSR 标记

连锁群	SSR 标记				
	RM6464	RM10010	RM10022	RM1843	RM10027
	RM11395	RM4959	RM10153	RM10253	RM10397
Chr. 1	RM243	RM12007	RM10720	RM10910	RM24
	RM11189	RM3341	RM1231	RM12127	RM5811
	RM12279	RM151	RM11799	RM8062	RM226
	RM12298	RM12300	RM6842	RM12317	RM12322
	RM13769	RM6800	RM12332	RM233A	RM12510
Chr. 2	RM12515	RM13628	RM12696	RM12793	RM3680
	RM12955	RM13004	RM13976	RM13121	RM3630
	RM7624	RM5427	RM13601	RM13995	RM406
	RM14240	RM14243	RM14247	RM14254	RM3413
	RM15909	RM7332	RM14274	RM14280	RM14287
Chr. 3	RM14402	RM1230	RM14575	RM218	RM5178
	RM14893	RM15040	RM16109	RM15104	RM15298
	RM15416	RM15622	RM8277	RM570	RM16242
	RM551	RM16280	RM16284	RM16296	RM16304
	RM241	RM16316	RM16333	RM16353	RM16393
Chr. 4	RM16458	RM17504	RM16539	RM16951	RM1236
	RM16847	RM16876	RM17518	RM16903	RM17392
	RM17004	RM16993	RM17184	RM17611	RM401

续表

连锁群	SSR 标记				
Chr. 5	RM17709	RM1248	RM17735	RM17754	RM1024
	RM18907	RM17863	RM17900	RM3777	RM18012
	RM7449	RM19057	RM18102	RM3683	RM18236
	RM18318	RM3295	RM480	RM3838	RM18539
	RM18612	RM18759	RM19223	RM19114	RM18005
Chr. 6	RM7158	RM19296	RM8101	RM19363	RM19371
	RM19114	RM204	RM19427	RM19496	RM6119
	RM20152	RM20521	RM19576	RM19600	RM19642
	RM6701	RM19799	RM20557	RM19814	RM19889
	RM527	RM20049	RM3207	RM20656	RM412
Chr. 7	RM20775	RM20797	RM6652	RM20856	RM20898
	RM6432	RM21044	RM6018	RM21153	RM7121
	RM1253	RM22030	RM8034	RM21561	RM21401
	RM21511	RM21524	RM22160	RM21541	RM22006
	RM432	RM21701	RM21713	RM21871	RM21096
Chr. 8	RM22189	RM6369	RM22225	RM22241	RM22357
	RM23520	RM22367	RM8020	RM22508	RM22628
	RM23201	RM22720	RM22804	RM22924	RM22933
	RM23098	RM23511	RM23565	RM23232	RM23325
	RM23359	RM23430	RM23627	RM2344	RM22788
Chr. 9	RM23664	RM23690	RM23707	RM5799	RM23801
	RM24660	RM23835	RM5515	RM23998	RM24049
	RM24117	RM24748	RM24151	RM24190	RM24204
	RM6839	RM24302	RM24804	RM24379	RM24491
	RM257	RM553	RM3909	RM24837	RM24846

续表

连锁群	SSR 标记				
	RM7492	RM24866	RM24924	RM24950	RM24993
	RM25688	RM25005	RM25200	RM25139	RM25299
Chr. 10	RM25212	RM25722	RM216	RM25245	RM25284
	RM311	RM25527	RM25811	RM25363	RM25429
	RM25462	RM25510	RM25909	RM25839	RM25319
	RM286	RM3225	RM332	RM5599	RM167
	RM27023	RM4504	RM26281	RM26315	RM26362
Chr. 11	RM26434	RM27151	RM26482	RM26509	RM26547
	RM26604	RM26698	RM27265	RM287	RM26797
	RM6680	RM26924	RM26850	RM27334	RM27207
	RM27412	RM27430	RM27489	RM27537	RM27548
	RM28537	RM27562	RM27630	RM27685	RM27689
Chr. 12	RM27783	RM28678	RM27822	RM27971	RM28002
	RM28018	RM28128	RM28765	RM28148	RM511
	RM28204	RM28315	RM28449	RM28825	RM28828

2.2.1.4　试剂

(1)75%乙醇:取 750 mL 95%乙醇,加水定容至 950 mL。

(2)0.1%升汞:称取 1 g $HgCl_2$ 溶解在 1 000 mL 蒸馏水中,搅拌,添加 1~2 滴的 Tween20。

(3)50×MS 钙盐母液:将无水氯化钙 8.307 g 充分溶于 450 mL 蒸馏水中,加蒸馏水定容至 500 mL。

(4)100×MS 铁盐母液:称取 1.865 g Na_2-EDTA 溶于 400 mL 蒸馏水,加热至完全溶解,加入 1.39 g $FeSO_4 \cdot 7H_2O$ 充分溶解后,加蒸馏水定容至 500 mL。

(5)100×MS 微量元素母液:称取 1.115 g $MnSO_4 \cdot 4H_2O$、0.43 g $ZnSO_4 \cdot 7H_2O$、0.001 25 g $CuSO_4 \cdot 5H_2O$、0.001 25 g $CoCl_2 \cdot 6H_2O$、0.012 5 g $Na_2MoO_4 \cdot 2H_2O$、0.31 g H_3BO_3 和 0.041 5 g KI,溶于 450 mL 蒸馏水,加蒸馏水定容

至 500 mL。

（6）200×MS 有机物母液：称取 0.2 g 甘氨酸、0.05 g 烟酸、0.01 g 维生素 B_1、0.05 g 维生素 B_6 和 10 g 肌醇，溶于蒸馏水中定容至 500 mL。

（7）10×MS 大量元素母液：称取 16.5 g NH_4NO_3、19 g KNO_3、3.7 g $MgSO_4 \cdot 7H_2O$、1.7 g KH_2PO_4 溶于 900 mL 蒸馏水，加蒸馏水定容至 1 000 mL。

（8）MS 培养基：向 800 mL 蒸馏水中加入 30 g 蔗糖、7.5 g 琼脂粉，加热溶解后，再加入 100 mL 10×MS 大量元素母液、20 mL 50×MS 钙盐母液、10 mL 100×MS 铁盐母液、10 mL 100×MS 微量元素母液、5 mL 200×MS 有机物母液，加蒸馏水定容至 1 000 mL，pH 值调至 5.8，倒入试管中，高温高压灭菌。

（9）5 mol/L NaCl：称取 NaCl 29.22 g，加蒸馏水 80 mL 溶解，加水定容至 100 mL，高温高压灭菌。

（10）1 mol/L Tris－HCl（pH＝8.0）：称取 Tris－base 12.11 g，加蒸馏水溶解并定容至 100 mL，用浓盐酸调 pH 值至 8.0，高温高压灭菌。

（11）0.5 mol/L EDTA：称取 Na_2－EDTA 186.1 g，加蒸馏水 800 mL 溶解，再加 NaOH 固体约 20 g，调 pH 值至 8.0，定容至 1 000 mL，高温高压灭菌。

（12）DNA 抽提液：取 100 mL 1 mol/L Tris－HCl（pH＝8.0）、40 mL 0.5 mol/L EDTA（pH＝8.0）、20 g CTAB、81.2 g NaCl，加灭菌蒸馏水，定容至 1 000 mL。

（13）TE 缓冲液：取 10 mL 1 mol/L Tris－HCl（pH＝8.0）、2 mL 0.5 mol/L EDTA（pH＝8.0），加蒸馏水定容至 1 000 mL。

（14）氯仿/乙醇/异戊醇：量取 84 mL 氯仿，向氯仿中加入 15 mL 乙醇和 4 mL 异戊醇搅拌至充分混匀。

（15）5×TBE：取 54 g Tris－base、27.5 g 硼酸，溶于 800 mL 蒸馏水，加入 20 mL 0.5 mol/L EDTA（pH＝8.0），搅拌混匀，定容至 1 000 mL。

（16）1×TBE：取 200 mL 5×TBE，加蒸馏水定容至 1 000 mL。

（17）40% 丙烯酰胺：取 190 g 丙烯酰胺、10 g 甲叉双丙烯酰胺，溶于 950 mL 蒸馏水中，加蒸馏水定容至 1 000 mL，贮存在棕色瓶中，4 ℃ 保存备用。

（18）10% 过硫酸铵：称取 10 g 过硫酸铵，将其溶于 90 mL 蒸馏水中直至充分溶解。

（19）6% 非变性聚丙烯酰胺凝胶：16 mL 蒸馏水，5 mL 5×TBE，3.75 mL 40%

丙烯酰胺,250 μL 10%过硫酸铵,12 μL TEMED。

(20)0.1% AgNO₃ 溶液:称取 1 g AgNO₃ 溶解于 1 000 mL 蒸馏水中,摇晃直至溶解充分。

(21)NaOH-硼砂溶液:称取 15 g NaOH、0.19 g 硼砂,溶于 800 mL 蒸馏水中,定容至 1 000 mL。

2.2.2 方法

2.2.2.1 分子检测

(1)水稻 DNA 提取

本书采用简单、快速抽提法提取水稻基因组 DNA。

①从供试水稻材料植株上,剪取 3~4 cm 长的幼嫩叶片,置于灭过菌的1.5 mL 离心管中,存放于冰盒中。

②将离心管中的嫩叶置于研钵中,先用研磨棒稍微研磨一下,然后加入400 μL DNA 抽提液继续研磨,直到叶片被完全磨碎。

③加入 400 μL DNA 抽提液,研磨充分。

④吸取 600 μL 研磨液置于 1.5 mL 离心管中。

⑤将装有研磨液的离心管置于 56 ℃水浴锅中 30 min,其间上下颠倒研磨液数次,使 DNA 抽提液与叶片充分混合。

⑥向离心管中加入 600 μL 氯仿/乙醇/异戊醇,置于摇床中摇动 30 min。

⑦12 000 r/min,离心 10 min。

⑧吸取 2 次,每次 200 μL(共 400 μL)上清液于新的 1.5 mL 离心管中。

⑨向新的离心管中加入-20 ℃预冷的无水乙醇 800 μL,上下混匀离心管内的样品,-20 ℃放置 30 min。

⑩12 000 r/min,每次离心 10 min。

⑪将上清液倒掉,加入 400 μL 75%乙醇洗涤沉淀 DNA。

⑫12 000 r/min,每次离心 3 min。

⑬弃去 75%乙醇,室温稍稍晾干 DNA。

⑭加入 56 ℃预热的 TE 缓冲液 50 μL,使 DNA 充分溶解。

⑮将溶解的 DNA 储存于−20 ℃冰箱内。

(2)PCR 检测

10 μL 扩增体系如下:

10×*Taq* Buffer (无 Mg^{2+})	1.0 μL
MgCl$_2$(25 mmol/L)	0.6 μL
dNTP 混合物 (10 mmol/L)	0.2 μL
正向引物 SSR Marker (10 μmol/L)	0.5 μL
反向引物 SSR Marker (10 μmol/L)	0.5 μL
Taq DNA 聚合酶 (5 U/μL)	0.1 μL
模板 DNA	1.0 μL
ddH$_2$O	6.1 μL
总体积	10 μL

反应程序:

94 ℃	2 min	
94 ℃	45 s	
53 ℃	45 s	35 个循环
72 ℃	45 s	
72 ℃	5 min	
4 ℃	保存	

(3)非变性聚丙烯酰胺凝胶电泳

利用6%非变性聚丙烯酰胺凝胶进行电泳检测。

①洗涤玻璃板、间隔片、封口槽和梳子等。

②将两块玻璃板对齐,在两块玻璃板中间插入间隔片,然后将该玻璃板置于封口槽中,并用夹子固定于制胶板上。

③向封口槽中倒入 1% 溶解的琼脂糖凝胶,直至琼脂糖凝胶凝固完全,达到封口的作用。

④配制6%非变性聚丙烯酰胺凝胶溶液,将其灌入两块玻璃板中间,直至达到玻璃板顶端,然后立即插入梳子,排净两块玻璃板中间的气泡。

⑤水平放置胶板,使胶体凝固(凝胶时间随室温的差异而不同)。

⑥待非变性聚丙烯酰胺凝胶完全凝固,拔掉封口胶。

⑦向电泳槽中加入 1×TBE 缓冲液,将原封口处的气泡排净,然后将胶板固定于电泳槽上,小心地拔出梳子。

⑧向 PCR 产物中加入 6×上样缓冲液 2 μL,混匀。

⑨向每个加样孔中加入 1.8 μL 含有 2 μL 6×Loading Buffer 的 DNA 样品。

⑩点样完毕后,接通电泳仪,电压调至 120 V,定时 2.5 h。

⑪电泳完毕后,用钢尺小心地将两块玻璃板分开,在水中取下非变性聚丙烯酰胺凝胶,清洗凝胶。

⑫向洗胶盆中加入 400 mL 0.1% AgNO$_3$ 置于摇床中摇动 4~6 min。

⑬回收 AgNO$_3$,用蒸馏水冲洗凝胶 2~3 次。

⑭加入 400 mL NaOH-硼砂溶液和 1.6 mL 甲醛,混匀,置于摇床中摇动 5~10 min,直至出现清晰的条带。

⑮倒掉固定液,用蒸馏水清洗凝胶 2~3 次,将其置于凝胶成像系统拍照。

(4)电泳结果分析

①亲本间多态性分析

亲本之间的多态性是指不同基因型之间同一位点上 SSR 标记的串联重复数的不同,经 PCR 扩增后的片段大小不同,在凝胶电泳上扩增条带的位置表现差异。重复数少的在凝胶上的迁移率较大,在凝胶的前端;重复数多的迁移率较小,在凝胶的后端。分别提取供体亲本 K22 及受体亲本空育 131 的 DNA 作为模板,并以相应引物进行 PCR 扩增,通过非变性聚丙烯酰胺凝胶电泳、染色、显影后,分析该引物在两个亲本之间是否具有多态性,筛选出有多态性的引物作为前景选择或背景选择的标记引物。

②前景选择与背景选择分析

前景选择与背景选择是使用已筛选到的亲本之间具有多态性的前景 SSR 标记与背景 SSR 标记,扩增杂交与回交子代群体的 DNA,经聚丙烯酰胺凝胶电泳、染色、显影后,与亲本之间的多态性进行比较。前景选择是筛选具有与供体亲本 K22 相同条带的植株,也就是筛选 $Pi9$ 阳性植株。背景选择是在入选的 $Pi9$ 阳性群体的基础上,选择与受体亲本空育 131 背景恢复率高的个体。背景恢复率是指除目的基因以外的其他基因型与轮回亲本基因型相似程度,背景恢复率(%) = $(L+M)/2L$,其中 L 表示所有鉴定的分子标记数,M 表示恢复到轮回亲本的分子标记数。

2.2.2.2 稻瘟病抗性鉴定

(1)稻瘟病菌制备

①在超净工作台中将稻瘟病样品以穗颈处为中心,从两端剪断,成6 cm左右长的穗颈病样品,用75%乙醇擦拭,再用0.1%升汞浸泡5~6 min,无菌水冲洗2~3遍。

②培养皿内滤纸用含有50 μg/mL链霉素的无菌水浸泡。稻瘟病样品置于培养皿内滤纸上的牙签上,于培养箱内25~28 ℃、黑暗条件下培养2~3天,待样品表面产生深灰色孢子层。

③采用振落的方法将稻瘟病样品上的病菌分离到含有50 μg/mL链霉素的燕麦片番茄琼脂培养基上,封口后正置于25~28 ℃、黑暗条件下培养2~3天,待菌落长出,初长出的菌落有乳白色菌丝。

④从培养好的病菌中挑取单孢至新的含有50 μg/mL链霉素的燕麦片番茄琼脂培养基上,封口后置于25~28 ℃、黑暗条件下培养5~6天,至菌体遍布整个平板。

⑤用涂布棒蘸少许无菌水把稻瘟病菌菌丝轻轻涂平在培养基上,于超净工作台内吹干表面水分后,用2层纱布代替培养皿上盖覆盖培养皿,在25 ℃、光照条件下诱发产生孢子。

⑥控制诱发产生孢子环境的湿度,使培养基经3~5天完全干燥。干燥后将培养皿置于阴凉处贮存待用。

⑦将培养好的单孢转到高粱管中,于25~28 ℃、黑暗条件下培养1个月左右,待完全干燥且长有菌落的高粱粒变黑,于-20 ℃中保存。

(2)稻瘟病菌接种

本试验在水稻分蘖期采用注射接种与喷雾接种相结合的方法。

①稻瘟病苗圃的设计:将待鉴定植株(包括亲本和各世代回交及自交后代阳性植株)分成2排种植,行距与间距均在25 cm左右,以保证植株的充分生长空间;在距离待鉴定植株25 cm处种上3~5圈蒙古稻,以利于稻瘟病诱发。

②自然条件选择:一般选择阴雨且气温在28 ℃左右的天气,如果是晴天,要在下午5点之后无直射光时。接种前4~5天给水稻增施氮肥,保证一定的

水层。

③孢子悬液的配制：将在干燥、阴凉处贮存的稻瘟病孢子培养皿用浸有蒸馏水的脱脂棉清洗。清洗下来的悬浊液用纱布过滤后再放入盛有蒸馏水的烧杯中，经搅拌配制成孢子悬液，在100倍显微镜下观察其孢子浓度（平均每个视野20~25个，即大约$2×10^5$个/mL）。再加入少量的0.05% Tween20。孢子悬液一般现用现配。

④注射接种：使用注射器从叶鞘外侧注射，直至稻瘟病菌菌液从心叶冒出。每株水稻接种3个分蘖。

⑤喷雾接种：将孢子悬液装入干净的喷壶中对水稻叶片进行喷雾接种，叶片表面和背面都要喷洒。

（3）稻瘟病调查

注射接种稻瘟病菌10~15天后，感病对照品种蒙古稻高度发病说明接种成功，按照Mackill和Bonman（1992）的0~5级标准调查稻瘟病发病情况，如表2-2所示。抗性级别为0~2级为抗病，抗性级别达到3级及以上为感病。感病品种达到3级以上（不包括3级）为有效接种。调查时，每个分蘖从剑叶（包括剑叶）起往下数3片叶作为调查对象，并将最严重的叶作为该分蘖的病情指数，将每株3个分蘖病情指数的平均值作为该株病情指数。

表2-2　稻瘟病抗性分级标准

级别	症状	叶片病斑	抗性
0级	叶片无病斑产生		R
1级	叶片上有针尖状褐斑点产生，无坏死		R
2级	叶片上有稍大的褐斑发生，直径约为0.5 mm，无坏死		R
3级	叶片上病斑扩展成椭圆形灰色小坏死斑，直径为1~2 mm		S

续表

级别	症状	叶片病斑	抗性
4 级	叶片上产生典型病斑,椭圆形,直径为 5~6 mm,边缘褐色		S
5 级	病斑连成片,叶片枯死		S

2.2.2.3　耐冷性鉴定

将供试材料浸种,常规育苗,之后移栽到大田,生长 40 天左右时将苗移栽到盆里。每盆栽 3 穴,室外自然条件继续生长,待水稻剑叶叶枕距为 0 cm(或 ±2 cm)时,每穴选 3 棵,挂上标签,移至人工气候室中进行低温处理,温度 17 ℃,光照 600 $\mu mol \cdot m^{-2} \cdot s^{-1}$。10 天后,移至温室内,自然条件下恢复,直至成熟,以平均结实率作为耐冷性评价指标。孕穗期耐冷性根据水稻空壳率来判断,分 1~9 级评价:1 级为 0~20%,3 级为 21%~40%,5 级为 41%~60%,7 级为 61%~80%,9 级为 81%~100%。

2.2.2.4　抗稻瘟病空育 131 导入系的农艺性状鉴定

将培育完成的空育 131 不同抗稻瘟病基因导入系及对照空育 131 种植于黑龙江大学呼兰校区水稻实验基地。试验采用随机区组法,3 次重复,每个品系为 1 个小区,每个小区为 6 行,行长 10 m,插秧规格为 30 cm×10 cm×3 株/蔸,小区面积为 18 m^2。每个小区水肥管理一致,不进行化学药剂防病防虫作业,与一般大田管理相同。

水稻成熟期考察各品系的农艺性状。考察内容及方法如表 2-3 所示。

表 2-3　抗稻瘟病基因导入系的农艺性状评价

农艺性状	考察方法
株高/cm	每小区 5 个单株从顶端到根茎交界处高度的平均值
穗数/(穗·株$^{-1}$)	每小区 5 个单株每穗结实超过 5 粒的穗数的平均值
穗重/g	每小区 5 个单株每穗结实超过 5 粒的穗重的平均值
生育期/天	从播种到籽粒成熟所经历的天数
小区产量/(kg·m^{-2})	每小区按对角线均匀选 3 点,每点割 1 m^2,稻谷脱粒,干燥至 14% 水分,称重。3 点平均值为该小区产量
穗长/cm	每小区 5 个单株 10 穗的长度平均值
穗总粒数/(粒·穗$^{-1}$)	每小区 5 个单株 10 穗的总粒数
穗实粒数/(粒·穗$^{-1}$)	每小区 5 个单株 10 穗的实粒数
结实率/%	每小区 5 个单株 10 穗的实粒数/总粒数
千粒重/g	每小区 5 个单株 1 000 粒实粒的质量

2.2.2.5　稻米品质性状鉴定

使用 SC-E 型种子大米外观品质检测仪,对供试材料糙米的长/宽、精米率、整精米率、透明度、垩白度等指标进行检测。直链淀粉含量用大米食味计测定。粳稻品种品质性状等级判定标准见表 2-4。

表 2-4　粳稻品种品质性状等级

品质性状	等级		
	一	二	三
精米率/%	≥74.0	≥72.0	—
整精米率/%	≥69.0	≥65.0	≥63.0
垩白粒率/%	<5	<10	—
垩白度/%	≤1	≤3	≤5
透明度/级	≤1	—	—
直链淀粉含量/%	13.0~18.0	13.0~19.0	13.0~20.0

2.2.2.6　水稻空育 131(*Pi9*) 的相似性鉴定

采用农业行业标准 NY/T 1433—2014《水稻品种鉴定技术规程　SSR 标记法》鉴定空育 131(*Pi1*)、空育 131(*Pi2*) 和空育 131(*Pi9*) 等新品系与受体亲本空育 131 之间的差异。根据标准规定,在 48 个 SSR 标记的检测结果中:

①品种之间检测到的标记差异大于等于 2 个标记时,判定为"不同品种";

②品种之间检测到的标记差异为 1 个标记时,判定为"近似品种";

③品种之间检测到的标记差异为 0 个标记时,判定为"相同品种或极近似品种"。

鉴定用 48 个 SSR 标记详细信息如表 2-5 所示。

表 2-5　鉴定用 SSR 标记

编号	标记	染色体	类型	引物序列(5′—3′)	常见等位变异
A01	RM583	1	I	正向:AGATCCATCCCTGTGGAGAG 反向:GCGAACTCGCGTTGTAATC	180~195
A02	RM71	2	I	正向:CTAGAGGCGAAAACGAGATG 反向:GGGTGGGCGAGGTAATAATG	122~148
A03	RM85	3	I	正向:CCAAAGATGAAACCTGGATTG 反向:GCACAAGGTGAGCAGTCC	80~104
A04	RM471	4	I	正向:ACGCACAAGCAGATGATGAG 反向:GGGAGAAGACGAATGTTTGC	102~114
A05	RM274	5	I	正向:CCTCGCTTATGAGAGCTTCG 反向:CTTCTCCATCACTCCCATGG	149~162
A06	RM190	6	I	正向:CTTTGTCTATCTCAAGACAC 反向:TTGCAGATGTTCTTCCTGATG	109~122
A07	RM336	7	I	正向:CTTACAGAGAAACGGCATCG 反向:GCTGGTTTGTTTCAGGTTCG	151~193
A08	RM72	8	I	正向:CCGGCGATAAAACAATGAG 反向:GCATCGGTCCTAACTAAGGG	163~193

续表

编号	标记	染色体	类型	引物序列(5′—3′)	常见等位变异
A09	RM219	9	I	正向:CGTCGGATGATGTAAAGCCT 反向:CATATCGGCATTCGCCTG	194~222
A10	RM311	10	I	正向:TGGTAGTATAGGTACTAAACAT 反向:TCCTATACACATACAAACATAC	160~182
A11	RM209	11	I	正向:ATATGAGTTGCTGTCGTGCG 反向:CAACTTGCATCCTCCCCTCC	125~160
A12	RM19	12	I	正向:CAAAAACAGAGCAGATGAC 反向:CTCAAGATGGACGCCAAGA	216~253
B01	RM1195	1	II	正向:ATGGACCACAAACGACCTTC 反向:CGACTCCCTTGTTCTTCTGG	142~152
B02	RM208	2	II	正向:TCTGCAAGCCTTGTCTGATG 反向:TAAGTCGATCATTGTGTGGACC	167~182
B03	RM232	3	II	正向:CCGGTATCCTTCGATATTGC 反向:CCGACTTTTCCTCCTGACG	141~161
B04	RM119	4	II	正向:CATCCCCCTGCTGCTGCTGCTG 反向:CGCCGGATGTGTGGGACTAGCG	166~169
B05	RM267	5	II	正向:TGCAGACATAGAGAAGGAAGTG 反向:AGCAACAGCACAACTTGATG	138~156
B06	RM253	6	II	正向:TCCTTCAAGAGTGCAAAACC 反向:GCATTGTCATGTCGAAGCC	133~142
B07	RM481	7	II	正向:TAGCTAGCCGATTGAATGGC 反向:CTCCACCTCCTATGTTGTTG	146~165
B08	RM339	8	II	正向:GTAATCGATGCTGTGGGAAG 反向:GAGTCATGTGATAGCCATATG	140~158
B09	RM278	9	II	正向:GTAGTGAGCCTAACAATAATC 反向:TCAACTCAGCATCTCTGTCC	128~142

续表

编号	标记	染色体	类型	引物序列(5′—3′)	常见等位变异
B10	RM258	10	Ⅱ	正向:TGCTGTATGTAGCTCGCACC 反向:TGGCCTTTAAAGCTGTCGC	128~146
B11	RM224	11	Ⅱ	正向:ATCGATCGATCTTCACGAGG 反向:TGCTATAAAAGGCATTCGGG	128~157
B12	RM17	12	Ⅱ	正向:TGCCCTGTTATTTTCTTCTCTC 反向:GGTGATCCTTTCCCATTTCA	159~185
C01	RM493	1	Ⅲ	正向:TAGCTCCAACAGGATCGACC 反向:GTACGTAAACGCGGAAGGTG	210~264
C02	RM561	2	Ⅲ	正向:GAGCTGTTTTGGACTACGGC 反向:GAGTAGCTTTCTCCCACCCC	185~195
C03	RM8277	3	Ⅲ	正向:AGCACAAGTAGGTGCATTTC 反向:ATTTGCCTGTGATGTAATAGC	165~212
C04	RM551	4	Ⅲ	正向:AGCCCAGACTAGCATGATTG 反向:GAAGGCGAGAAGGATCACAG	184~190
C05	RM598	5	Ⅲ	正向:GAATCGCACACGTGATGAAC 反向:ATGCGACTGATCGGTACTCC	153~162
C06	RM176	6	Ⅲ	正向:CGGCTCCCGCTACGACGTCTCC 反向:AGCGATGCGCTGGAAGAGGTGC	133~136
C07	RM432	7	Ⅲ	正向:TTCTGTCTCACGCTGGATTG 反向:AGCTGCGTACGTGATGAATG	168~188
C08	RM331	8	Ⅲ	正向:GAACCAGAGGACAAAAATGC 反向:CATCATACATTTGCAGCCAG	151~171
C09	OSR28	9	Ⅲ	正向:AGCAGCTATAGCTTAGCTGG 反向:ACTGCACATGAGCAGAGACA	132~178
C10	RM590	10	Ⅲ	正向:CATCTCCGCTCTCCATGC 反向:GGAGTTGGGGTCTTGTTCG	139~146

续表

编号	标记	染色体	类型	引物序列(5′—3′)	常见等位变异
C11	RM21	11	Ⅲ	正向：ACAGTATTCCGTAGGCACGG 反向：GCTCCATGAGGGTGGTAGAG	128~160
C12	RM3331	12	Ⅲ	正向：CCTCCTCCATGAGCTAATGC 反向：AGGAGGAGCGGATTTCTCTC	110~150
D01	RM443	1	Ⅳ	正向：GATGGTTTTCATCGGCTACG 反向：AGTCCCAGAATGTCGTTTCG	119~123
D02	RM490	1	Ⅳ	正向：ATCTGCACACTGCAAACACC 反向：AGCAAGCAGTGCTTTCAGAG	92~99
D03	RM424	2	Ⅳ	正向：TTTGTGGCTCACCAGTTGAG 反向：TGGCTCATTCATGTCATC	240~280
D04	RM423	2	Ⅳ	正向：AGCACCCATGCCTTATGTTG 反向：CCTTTTTCAGTAGCCCTCCC	268~289
D05	RM571	3	Ⅳ	正向：GGAGGTGAAAGCGAATCATG 反向：CCTGCTGCTCTTTCATCAGC	179~185
D06	RM231	3	Ⅳ	正向：CCAGATTATTTCCTGAGGTC 反向：CACTTGCATAGTTCTGCATTG	186~194
D07	RM567	4	Ⅳ	正向：ATCAGGGAAATCCTGAAGGG 反向：GGAAGGAGCAATCACCACTG	248~260
D08	RM289	5	Ⅳ	正向：TTCCATGGCACACAAGCC 反向：CTGTGCACGAACTTCCAAAG	87~106
D09	RM542	7	Ⅳ	正向：TGAATCAAGCCCCTCACTAC 反向：CTGCAACGAGTAAGGCAGAG	87~111
D10	RM316	9	Ⅳ	正向：CTAGTTGGGCATACGATGGC 反向：ACGCTTATATGTTACGTCAAC	196~202
D11	RM332	11	Ⅳ	正向：GCGAAGGCGAAGGTGAAG 反向：CATGAGTGATCTCACTCACCC	162~167

续表

编号	标记	染色体	类型	引物序列(5′—3′)	常见等位变异
D12	RM7102	12	IV	正向：TAGGAGTGTTTAGAGTGCCA 反向：TCGGTTTGCTTATACATCAG	170~190

2.2.2.7　育种技术路线

第一年夏季,在黑龙江省哈尔滨市进行受体亲本空育131与供体亲本K22之间的有性杂交,得到F_1代植株,冬季用AP5930标记对F_1代植株进行真伪杂种鉴定,淘汰伪杂种。第二年夏季,得到的阳性植株与轮回亲本空育131回交,得到BC_1F_1代。因为哈尔滨市冬天无法进行杂交工作,将水稻苗移至海南省进行杂交。BC_1F_1代群体经前景选择,筛选出含有目的基因Pi9的阳性株,进行交换选择、背景选择和抗性鉴定,选择农艺性状较好的植株进行下一代回交,得到BC_2F_1代,同样进行前景选择、交换选择、背景选择和抗性鉴定,筛选出背景恢复率高的抗病阳性植株与空育131回交得到BC_3F_1代,依此法回交至BC_5F_1代,再自交2次,得到BC_5F_3代,筛选出在目的基因位点上纯合的、背景恢复到轮回亲本空育131的纯合系植株。MAS培育水稻空育131(Pi9)的技术路线如图2-2所示。

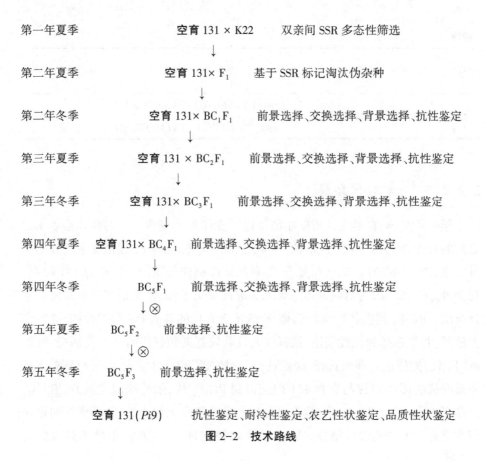

第一年夏季   空育 131 × K22   双亲间 SSR 多态性筛选

↓

第二年夏季   空育 131× F_1 基于 SSR 标记淘汰伪杂种

↓

第二年冬季   空育 131× BC_1F_1 前景选择、交换选择、背景选择、抗性鉴定

↓

第三年夏季   空育 131 × BC_2F_1 前景选择、交换选择、背景选择、抗性鉴定

↓

第三年冬季   空育 131× BC_3F_1 前景选择、交换选择、背景选择、抗性鉴定

↓

第四年夏季   空育 131× BC_4F_1 前景选择、交换选择、背景选择、抗性鉴定

↓

第四年冬季 BC_5F_1 前景选择、交换选择、背景选择、抗性鉴定

↓ ⊗

第五年夏季 BC_5F_2 前景选择、抗性鉴定

↓ ⊗

第五年冬季 BC_5F_3 前景选择、抗性鉴定

↓

空育 131($Pi9$)   抗性鉴定、耐冷性鉴定、农艺性状鉴定、品质性状鉴定

图 2-2　技术路线

2.3　结果与分析

2.3.1　空育 131($Pi9$)的 MAS 体系

2.3.1.1　前景选择

本书选取与 $Pi9$ 基因紧密连锁的 AP22、AP5930、PI2-4、PI31 和 AP5659-3 这 5 个 SSR 标记对受体亲本空育 131 和供体亲本 K22 进行多态性筛选,结果如图 2-3。由图可看出,SSR 标记 AP5930 在受体亲本空育 131 和供体亲本 K22 之间多态性明显,因此确定标记 AP5930 作为培育新品系空育 131($Pi9$)的前景

选择 SSR 标记。

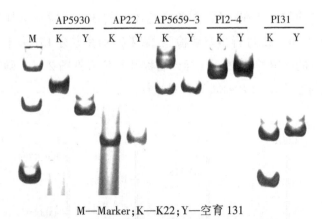

M—Marker；K—K22；Y—空育 131

图 2-3   *Pi*9 基因前景选择候选 SSR 标记的多态性

2.3.1.2   交换选择

选取位于 *Pi*9 基因两侧的 RM527、RM6836、RM19817、RM19960、RM19887、RM19961 这 6 个 SSR 分子标记作为交换选择候选 SSR 标记，在受体亲本空育 131 和供体亲本 K22 之间进行多态性筛选，结果如图 2-4 所示。由图可知，SSR 标记 RM19960 和 RM527 在空育 131 和 K22 之间多态性明显，故确定 SSR 标记 RM19960 和 RM527 作为 *Pi*9 基因两侧的染色体区段是否发生交换的选择标记。

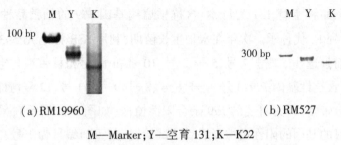

(a)RM19960   (b)RM527

M—Marker；Y—空育 131；K—K22

图 2-4   SSR 标记在空育 131 和 K22 间的多态性

2.3.1.3　背景选择

本书选取均匀分布在水稻 12 条染色体上的 300 个背景选择候选 SSR 标记,对空育 131 和 K22 进行多态性检验,结果得到在空育 131 和 K22 之间多态性稳定且明显的 SSR 标记 26 个(标记名称及其位置见图 2-5),确定利用这 26 个 SSR 标记对空育 131(*Pi9*)进行背景选择。

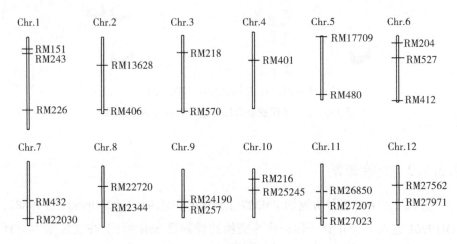

图 2-5　空育 131(*Pi9*)背景选择 SSR 标记分布图

2.3.2　空育 131(*Pi9*)的培育

以粳稻品种空育 131 为母本、含抗稻瘟病基因 *Pi9* 的籼稻品种 K22 为父本,杂交得到 F_1 代种子。次年在水稻生长苗期,利用 SSR 标记 AP5930 对 F_1 代植株进行前景选择。1 号、2 号、5 号、7 号、10 号和 13 号植株带型与空育 131 相同,说明不含抗性基因 *Pi9*;3 号、4 号、6 号、8 号、9 号、11 号、12 号植株均表现为双亲的杂合带型,即为可能的 *Pi9* 杂合阳性植株(如图 2-6 所示),采用这 7 株可能含有目的基因的阳性植株开展后续试验,将其重新编号为 1 号、2 号、3 号、4 号、5 号、6 号、7 号。

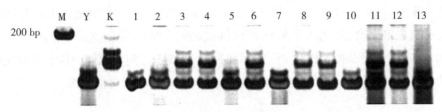

M—Marker；Y—空育 131；K—K22；1~13—F₁ 代植株

图 2-6　前景选择结果

2.3.2.1　BC₁F₁ 代植株鉴定选择

（1）前景选择

研究以 F₁ 代 7 株阳性植株为父本，以空育 131 为轮回亲本做回交，得到 BC₁F₁ 代种子 12 颗。在 BC₁F₁ 代植株苗期，利用前景选择 SSR 标记 AP5930 进行分子鉴定，发现 3~6 号、8 号、9 号植株具有与轮回亲本空育 131 相同的条带，表明其不含有目的基因 *Pi*9；而 1 号、2 号、7 号、10 号、11 号、12 号植株则表现为双亲的杂合带型（如图 2-7 所示），说明其可能含有目的基因 *Pi*9，后续针对这 6 株材料开展试验。

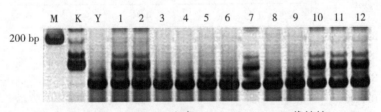

M—Marker；K—K22；Y—空育 131；1~12—BC₁F₁ 代植株

图 2-7　前景选择结果

（2）交换选择

遵循对回交低世代进行单侧交换选择的原则，本书首先利用位于 *Pi*9 基因左侧的 SSR 标记 RM527，对空育 131(*Pi*9)BC₁F₁ 代前景选择入选的 6 株阳性植株（重新编号为 1~6 号植株）进行单侧交换选择，结果发现 1 号、4 号和 5 号植株表现为与受体亲本空育 131 相同的带型，2 号、3 号和 6 号植株表现为双亲的杂合带型,说明 1 号、4 号、5 号植株在标记 RM527 和 *Pi*9 基因之间的染色体区段已发生单交换,其他 3 个植株在该区段的染色体未发生交换(如图 2-8 所示)。本书最终获得 3 株在 *Pi*9 基因和标记 RM527 之间染色体区段发生单交换的 BC_1F_1 代植株,将这 3 株植株作为入选材料,开展后续选育工作。

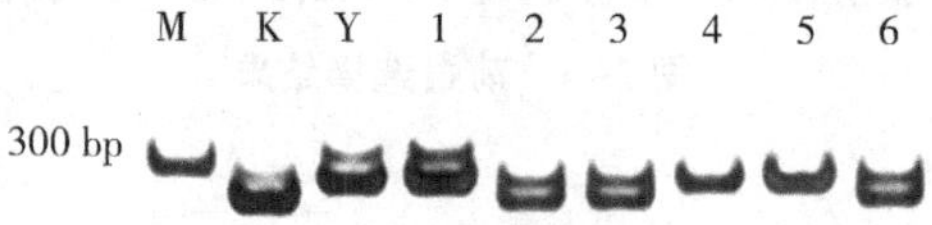

M　K　Y　1　2　3　4　5　6

300 bp

M—Marker;K—K22;Y—空育 131;1~6—BC_1F_1 代植株

图 2-8　交换选择结果

(3)背景选择

利用前期筛选的 26 个背景选择 SSR 标记对交换选择入选的 3 个阳性植株进行背景选择鉴定,BC_1F_1 代植株中背景恢复率最低的是 4 号植株,恢复率仅为 63.6%,5 号植株背景恢复率较高,达 72.7%,结果见表 2-6。

表 2-6　BC_1F_1 代入选阳性植株的背景恢复率

标记	BC_1F_1 代入选的阳性植株		
	1 号	4 号	5 号
RM151	aa	Aa	aa
RM243	Aa	Aa	aa
RM226	aa	aa	aa
RM406	aa	aa	aa
RM218	aa	aa	aa
RM570	Aa	Aa	Aa
RM401	Aa	Aa	Aa
RM13628	aa	aa	aa
RM17709	aa	aa	aa
RM480	aa	Aa	Aa
RM204	Aa	Aa	aa

续表

标记	BC$_1$F$_1$ 代入选的阳性植株		
	1 号	4 号	5 号
RM432	Aa	aa	Aa
RM527	Aa	Aa	aa
RM412	aa	aa	aa
RM2344	aa	aa	aa
RM257	aa	aa	aa
RM216	aa	aa	aa
RM22030	aa	aa	aa
RM22720	Aa	Aa	Aa
RM27023	aa	Aa	Aa
RM27562	aa	aa	aa
RM27971	aa	aa	aa
RM24190	aa	aa	aa
RM25245	aa	aa	aa
RM26850	aa	aa	aa
RM27207	aa	aa	aa
恢复率/%	68.2	63.6	72.7

注:a 表示轮回亲本空育 131 的基因型,A 表示供体亲本 K22 的基因型。

（4）稻瘟病抗性鉴定

BC$_1$F$_1$ 代的 3 个入选阳性植株、蒙古稻、供体亲本 K22 和受体亲本空育 131 的田间稻瘟病抗性接种鉴定结果见表 2-7。从表 2-7 可知,蒙古稻和受体亲本空育 131 均表现感病;供体亲本 K22 发病指数为 0.67,表现抗病;BC$_1$F$_1$ 代 3 个阳性植株发病指数均较低,表现抗病,与分子鉴定结果一致,说明 $Pi9$ 基因对供试的 20 个单孢菌株具有抵抗性,利用本书的 MAS 体系选择的 $Pi9$ 基因的阳性植株是真实有效的。

（5）综合分子检测及稻瘟病抗性

1 号、4 号、5 号植株含有抗稻瘟病基因 $Pi9$,且发生了单侧交换,对稻瘟病表现出较高的抗性,由于 5 号植株背景恢复率最高（72.7%）,故选择 5 号植株开展后续试验。

表 2-7　BC_1F_1 代植株稻瘟病抗性鉴定

材料	发病指数	抗性
蒙古稻	4.67±0.58	S
空育 131	4.33±1.15	S
K22	0.67±0.58＊＊	R
1 号	0.00±0.00＊＊	R
4 号	0.67±0.58＊＊	R
5 号	0.33±0.58＊＊	R

注:S 为感病,R 为抗病,"＊＊"表示与亲本空育 131 比较差异显著($P<0.01$)。

2.3.2.2　$BC_2F_1 \sim BC_5F_1$ 代植株鉴定选择

BC_1F_1 中 5 号植株作为父本,继续与轮回亲本空育 131 回交,分别得到 BC_2F_1、BC_3F_1、BC_4F_1、BC_5F_1 代植株,对各回交世代的群体植株利用 MAS 体系进行鉴定、选择,结果见表 2-8。

由表 2-8 可知,各个回交世代按照前景选择 $Pi9$ 阳性、发生交换、稻瘟病菌接种鉴定表现抗病、背景恢复率高及田间生长健壮的原则进行选择,BC_2F_1 代入选 3 株含有 $Pi9$ 基因、发生单侧交换、背景恢复率达到 80.4%~89.1%的植株。在 BC_3F_1 代 16 株植株中,通过 MAS 体系及接种鉴定,选择出 7 株含抗稻瘟病基因 $Pi9$ 的植株。BC_4F_1 代的 21 株植株中,有 16 株含抗稻瘟病基因 $Pi9$ 的阳性植株,通过 MAS 体系及接种鉴定,最后入选的植株为 10 株。BC_4F_1 代的 10 株植株与轮回亲本杂交获得 BC_5F_1 代植株 28 株,通过 MAS 体系及接种鉴定,得到 8 株阳性植株,这 8 株含抗稻瘟病基因 $Pi9$,且均已发生双侧交换,背景恢复率为 100.0%。

表 2-8　水稻空育 131(*Pi*9)品系 $BC_2F_1 \sim BC_5F_1$ 代植株选择

世代	前景选择		RM527		RM19960		背景恢复率/%		接种后入选/株
	杂种/株	*Pi*9阳性/株	检测/株	交换/株	检测/株	交换/株	最低	最高	
BC_2F_1	13	7	—	—	7	4	80.4	89.1	3
BC_3F_1	16	11	11	11	11	11	88.5	92.3	7
BC_4F_1	21	16	16	16	16	16	96.2	100.0	10
BC_5F_1	28	21	21	21	21	21	100.0	100.0	8

2.3.2.3　BC_5F_2 代植株鉴定选择

（1）前景选择

为获得空育 131(*Pi*9)纯合品系,将 BC_5F_1 代入选的植株自交,获得 19 株生长性状良好的 BC_5F_2 代植株。这 19 株 BC_5F_2 代植株的前景选择结果见图 2-9。从图 2-9 中可以看出,2 号、4 号、7 号、8 号、11 号、14 号、15 号、16 号、18 号植株表现为双亲的杂合带,可能含有目的基因 *Pi*9。1 号、3 号、5 号、12 号、13 号、17 号、19 号植株表现为空育 131 的条带,不含有目的基因,6 号、9 号、10 号植株表现为 K22 的带型,可能含有纯合的目的基因 *Pi*9;结合田间生长状况,最终利用前景选择 SSR 标记 AP5930 筛选出 *Pi*9 阳性植株 12 株,进行田间稻瘟病抗性鉴定。

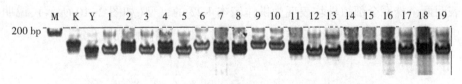

M—Marker;K—K22;Y—空育 131;1～19—BC_5F_2 代植株

图 2-9　前景选择结果

（2）稻瘟病抗性鉴定

12 株 BC_5F_2 代入选阳性植株、蒙古稻、空育 131 及 K22 的稻瘟病抗性鉴定结果见表 2-9。从表 2-9 中可知,蒙古稻和空育 131 感病,供体亲本 K22 抗病, 12 株 BC_5F_2 代入选阳性植株稻瘟病发病指数均不高于 1,表现较强抗性,表明抗稻瘟病基因 $Pi9$ 真实存在,6 号、9 号、10 号植株具有与供体亲本 K22 相同的带型,表明其含有纯合基因 $Pi9$,因此从这 3 株植株中选取抗性好且田间生长健壮的 9 号和 10 号植株套袋自交,得到了 2 个 BC_5F_3 代株系(BC_5F_3-1 株系和 BC_5F_3-2 株系)。

表 2-9　BC_5F_2 代植株稻瘟病抗性鉴定

材料	发病指数	抗性	材料	发病指数	抗性
蒙古稻	4.33±0.58	S	9 号	0.33±0.58＊＊	R
空育 131	4.00±1.00	S	10 号	0.33±0.58＊＊	R
K22	0.67±0.58＊＊	R	11 号	0.00±0.00＊＊	R
2 号	0.67±0.58＊＊	R	14 号	0.67±0.58＊＊	R
4 号	1.00±0.00＊＊	R	15 号	0.33±0.58＊＊	R
6 号	0.67±0.58＊＊	R	16 号	0.00±0.00＊＊	R
7 号	0.00±0.00＊＊	R	18 号	0.33±0.58＊＊	R
8 号	0.67±0.58＊＊	R			

注:S 为感病,R 为抗病,"＊＊"表示与亲本空育 131 比较差异显著($P<0.01$)。

2.3.2.4　BC_5F_3 代植株鉴定选择

(1)前景选择

利用前景选择标记 AP5930 对 2 个 BC_5F_3 代株系进行 $Pi9$ 基因检测,结果表明两个株系全部植株均表现为供体亲本 K22 的带型(如图 2-10 所示),说明供试的两个株系基因型已经纯合,进一步对其进行稻瘟病抗性鉴定。

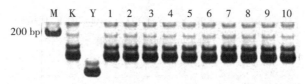

M—Marker;K—K22;Y—空育 131;1~5—BC_5F_3-1 株系植株;6~10—BC_5F_3-2 株系植株

图 2-10　前景选择结果

（2）稻瘟病抗性鉴定

稻瘟病抗性鉴定结果见表 2-10。从表 2-10 中可知,蒙古稻和受体亲本空育 131 均表现感病,供体亲本 K22 表现抗病,BC_5F_3 代各植株均表现为抗病。根据田间性状,在水稻成熟期时收获 BC_5F_3-1 株系和 BC_5F_3-2 株系各植株种子,分别混合两个株系的种子形成两个品系,命名为空育 131（*Pi*9）-1 和空育 131（*Pi*9）-2。后续针对这两个品系进行系列鉴定。

表 2-10　BC_5F_3 代植株稻瘟病抗性鉴定

材料	发病指数	抗性	材料	发病指数	抗性
蒙古稻	4.33±0.58＊＊	S	5 号	0.67±0.58＊＊	R
空育 131	4.00±1.00＊＊	S	6 号	0.00±0.00＊＊	R
K22	0.67±0.58＊＊	R	7 号	1.00±0.00＊＊	R
1 号	0.67±0.58＊＊	R	8 号	0.67±0.58＊＊	R
2 号	1.00±0.00＊＊	R	9 号	0.00±0.00＊＊	R
3 号	0.67±0.58＊＊	R	10 号	0.67±0.58＊＊	R
4 号	0.00±0.00＊＊	R			

注:S 为感病,R 为抗病,"＊＊"表示与亲本空育 131 比较差异显著（$P<0.01$）,1~5 号为 BC_5F_3-1 株系植株,6~10 号为 BC_5F_3-2 株系植株。

2.3.3　空育 131（*Pi*9）的鉴定

2.3.3.1　空育 131 与空育 131（*Pi*9）的相似性鉴定

为了解新品系空育 131（*Pi*9）-1 和空育 131（*Pi*9）-2 与空育 131 的差异,本书采用国家农业行业标准 NY/T 1433—2014《水稻品种鉴定技术规程 SSR 标记法》对新品系和对照空育 131 进行相似性鉴定,结果见表 2-11。从表 2-11 可知,4 个标记类型共 48 个 SSR 标记,在两个新品系与对照空育 131 之间检测位点差异数为 0,表明 2 个新品系与对照空育 131 之间无差异,根据标准规定可以判定为"相同品种或极近似品种",即新品系空育 131（*Pi*9）-1 和空育

131($Pi9$)-2 与空育 131 是极近似品种。

表 2-11　两个新品系和空育 131 品种相似性鉴定

标记名称	标记类型	染色体	材料名称			标记名称	标记类型	染色体	材料名称		
			空育131($Pi9$)-1	空育131($Pi9$)-2	空育131				空育131($Pi9$)-1	空育131($Pi9$)-2	空育131
RM583	I	1	无差异	无差异	无差异	RM1195	II	1	无差异	无差异	无差异
RM71	I	2	无差异	无差异	无差异	RM208	II	2	无差异	无差异	无差异
RM85	I	3	无差异	无差异	无差异	RM232	II	3	无差异	无差异	无差异
RM471	I	4	无差异	无差异	无差异	RM119	II	4	无差异	无差异	无差异
RM274	I	5	无差异	无差异	无差异	RM267	II	5	无差异	无差异	无差异
RM190	I	6	无差异	无差异	无差异	RM253	II	6	无差异	无差异	无差异
RM336	I	7	无差异	无差异	无差异	RM481	II	7	无差异	无差异	无差异
RM72	I	8	无差异	无差异	无差异	RM339	II	8	无差异	无差异	无差异
RM219	I	9	无差异	无差异	无差异	RM278	II	9	无差异	无差异	无差异
RM311	I	10	无差异	无差异	无差异	RM258	II	10	无差异	无差异	无差异
RM209	I	11	无差异	无差异	无差异	RM224	II	11	无差异	无差异	无差异
RM19	I	12	无差异	无差异	无差异	RM17	II	12	无差异	无差异	无差异
RM493	III	1	无差异	无差异	无差异	RM443	IV	1	无差异	无差异	无差异
RM561	III	2	无差异	无差异	无差异	RM490	IV	2	无差异	无差异	无差异
RM8277	III	3	无差异	无差异	无差异	RM424	IV	3	无差异	无差异	无差异
RM551	III	4	无差异	无差异	无差异	RM423	IV	4	无差异	无差异	无差异
RM598	III	5	无差异	无差异	无差异	RM571	IV	5	无差异	无差异	无差异
RM176	III	6	无差异	无差异	无差异	RM231	IV	6	无差异	无差异	无差异
RM432	III	7	无差异	无差异	无差异	RM567	IV	7	无差异	无差异	无差异
RM331	III	8	无差异	无差异	无差异	RM289	IV	8	无差异	无差异	无差异
OSR28	III	9	无差异	无差异	无差异	RM542	IV	9	无差异	无差异	无差异
RM590	III	10	无差异	无差异	无差异	RM316	IV	10	无差异	无差异	无差异
RM21	III	11	无差异	无差异	无差异	RM332	IV	11	无差异	无差异	无差异
RM3331	III	12	无差异	无差异	无差异	RM7102	IV	12	无差异	无差异	无差异

2.3.3.2　空育131(*Pi*9)的性状鉴定

（1）农艺性状鉴定

本书为考察抗稻瘟病新品系空育131(*Pi*9)-1、空育131(*Pi*9)-2与受体亲本空育131的主要农艺性状差异,在水稻生长期及成熟期对主要农艺性状进行了调查,分析结果见表2-12。从表2-12可知,空育131(*Pi*9)-1和空育131(*Pi*9)-2两个新品系的生育期与对照空育131相同,新品系在株高、穗数、穗长、穗总粒数、穗实粒数、结实率、千粒重、穗重及小区产量等农艺性状上与对照空育131不存在显著差异。这说明通过MAS体系,结合连续多代回交与自交,培育的抗稻瘟病新品系空育131(*Pi*9)-1和空育131(*Pi*9)-2,在农艺性状方面与空育131基本无差异,新品系的遗传背景已经与受体亲本非常接近,它们实际上已是近等基因系(除*Pi*9基因差异)。

表2-12　亲本与抗稻瘟病新品系的农艺性状比较

材料	生育期/天	株高/cm	穗数/(穗·株$^{-1}$)	穗长/cm	穗总粒数/(粒·穗$^{-1}$)
空育131(*Pi*9)-1	127	80.33A±1.53	15.75A±0.79	14.35A±0.77	80.00A±2.00
空育131(*Pi*9)-2	127	81.00A±1.00	15.31A±0.89	14.67A±0.36	80.67A±1.53
空育131	127	80.33A±1.15	15.53A±0.44	14.26A±0.50	79.67A±1.53

材料	穗实粒数/(粒·穗$^{-1}$)	结实率/%	千粒重/g	穗重/g	小区产量/(kg·m^{-2})
空育131(*Pi*9)-1	76.80A±0.86	96.55A±1.00	26.40A±0.66	28.17A±0.64	0.89A±0.03
空育131(*Pi*9)-2	75.71A±0.68	95.12A±1.33	26.33A±0.60	28.91A±0.80	0.87A±0.04
空育131	76.79A±1.13	95.81A±1.16	26.13A±1.27	27.87A±0.69	0.87A±0.04

（2）耐冷性鉴定

本书在水稻孕穗期按照水稻耐冷性鉴定方法,考察水稻空育131抗稻瘟病新品系的耐低温程度,鉴定结果见表2-13。从表2-13可知,新品系及对照空育131经低温处理后结实率均有所下降,但新品系与对照空育131之间结实率差异不显著,平均结实率均高于80%,耐低温等级相同,均为1级。这表明空育131导入抗稻瘟病基因*Pi9*后,对低温的耐受程度与对照空育131差异不显著,即保留了空育131的耐冷性。

表2-13　亲本及新品系的耐冷性鉴定

材料	结实率/%	低温处理后的结实率/%	耐低温等级
空育131(*Pi9*)-1	95.23A±1.19	86.97A±1.43	1
空育131(*Pi9*)-2	95.57A±0.90	87.01A±1.90	1
空育131	95.16A±0.85	87.04A±0.52	1

(3)品质性状鉴定

使用SC-E型种子大米外观品质检测仪,对两个抗稻瘟病新品系和对照空育131进行糙米品质性状检测,结果见表2-14。从表2-14可知,抗稻瘟病新品系保持了空育131的透明度,其中精米率、整精米率略高于空育131,垩白粒率与垩白度稍低于空育131,其各品质性状与对照相比,虽略有不同,但差异均不显著,说明空育131导入抗性基因*Pi9*后仍保持了原来的品质性状。对比《食用稻品种品质标准》(NYT 593—2013),抗稻瘟病新品系及空育131在垩白度、透明度、直链淀粉含量等指标上均达到二级标准,整精米率达一级标准,精米率及整精米率较高表明其加工品质较好。

表2-14　亲本及新品系的品质性状鉴定

品质性状	空育131(*Pi9*)-1	空育131(*Pi9*)-2	空育131
长/宽	1.73A±0.03	1.74A±0.01	1.75A±0.00
精米率/%	74.77A±1.46	75.47A±0.60	74.30A±1.97
整精米率/%	74.17A±1.70	74.00A±2.08	72.33A±1.00
透明度	2	2	2
垩白粒率	13.77A±0.48	14.09A±0.83	14.30A±0.42
垩白度	2.07A±0.15	2.13A±0.20	2.30A±0.26
直链淀粉含量/%	17.47A±0.36	17.54A±0.39	17.60A±0.36

2.3.3.3　空育131(*Pi*9)的稻瘟病抗性鉴定

以蒙古稻为感病对照,对供体亲本 K22、受体亲本空育131及抗稻瘟病新品系进行稻瘟病田间人工接种鉴定,结果如表 2-15 所示。从表 2-15 可知,蒙古稻感病,证明接种有效;受体亲本空育131感病,说明其稻瘟病抗性确需改良;供体亲本 K22 和含 *Pi*9 基因的抗稻瘟病新品系均表现为高度抗病,说明转入抗病基因 *Pi*9 后,空育131抗性明显提高,由感病变为抗病。

表 2-15　抗稻瘟病新品系稻瘟病抗性鉴定

材料	发病级别	抗性
蒙古稻	4.17±0.35	S
空育131	4.83±0.18	S
K22	0.42±0.19 ＊＊	R
空育131(*Pi*9)-1	0.40±0.52 ＊＊	R
空育131(*Pi*9)-2	0.44±0.40 ＊＊	R

注:S 为感病,R 为抗病,"＊＊"表示与亲本空育131比较差异显著($P<0.01$)。

综合以上分析,我们利用 MAS 体系成功地将 K22 品种中的抗稻瘟病基因 *Pi*9 导入早粳稻品种空育131核基因组中,赋予空育131抗稻瘟病性状,同时保留了空育131其他性状,获得两个空育131(*Pi*9)抗稻瘟病新品系,即空育131(*Pi*9)-1 和空育131(*Pi*9)-2,可在生产上推广种植。

2.4　讨论

2.4.1　用于培育空育131(*Pi*9)水稻前景选择的 SSR 标记

过去在水稻抗病育种研究中主要使用传统育种技术。传统育种是利用筛选出的抗源对已有的品种进行改良或者作为亲本进行杂交,从中选育抗病新品种。这种常规育种技术通常是通过表现型间接对基因型进行选择,在很大程度上具有盲目性和不可预测性,育种工作者需要具有丰富的育种工作经验。传统育种不但操作程序复杂,而且需要较长的时间才能获得鉴定结果,因为在个体发育过程中,很多重要的性状都必须到发育后期或者成熟时才表现出来。同时传统育种以表现型作为判断依据,易受环境影响,选择效率很低。克服这些困难的最有效方法是对基因型进行直接选择,而 MAS 恰恰满足了这个需求。

MAS 通过分析与目的基因紧密连锁的分子标记的基因型来鉴别目的基因,从而大大提高选择的准确性、缩短育种时间,不受环境等外界因素的干扰。本书的目的是利用 MAS 将水稻品种 K22 中的抗稻瘟病基因 $Pi9$ 导入优质水稻品种空育 131 中,使其具有抗稻瘟病特性。为此,筛选出了与抗稻瘟病基因 $Pi9$ 紧密连锁的、在亲本空育 131 和 K22 之间有多态性的 5 个 SSR 标记 AP22、AP5930、PI2-4、PI31 和 AP5659-3,这 5 个 SSR 均可作为 MAS 前景选择的引物。其中 AP5930 与 $Pi9$ 的物理位置相距约 118 kb,距离稍远,分子标记与目的基因间有可能发生交换,本书用 20 个单孢菌株的混合液进行接种鉴定,从外观性状上直接鉴定其交换与否。这种用标记在分子水平上间接选择目的基因,再用稻瘟病菌菌株混合液接种进行直接验证的方法,从两方面对目的基因的存在与否进行鉴定,提高了选择的准确性,确保了 MAS 育种的可靠性。

在本书中,空育 131 和 K22 杂交及回交后代前景选择入选的植株种植于黑龙江省或海南省田间,在高肥足水栽培条件下,受体空育 131 表现感染稻瘟病,而供体亲本 K22 和杂交及回交后代前景选择入选植株表现高抗稻瘟病。这表明,$Pi9$ 是广谱、高抗稻瘟病基因,可用于黑龙江省水稻品种抗稻瘟病遗传性改良,根据 AP5930 基因型选择 $Pi9$ 基因是有效的。

2.4.2 用于培育空育 131($Pi9$)水稻背景选择的 SSR 标记

MAS 培育寒区抗稻瘟病品种技术路线包括供体亲本与受体亲本杂交,以及受体亲本做轮回亲本与入选植株多次回交和自交。本书在杂交与回交后代的鉴定中,利用了与目的基因紧密连锁的分子标记进行前景选择,同时也利用其他分子标记对其他遗传物质进行背景选择。在前景选择时利用了与抗病基因 $Pi9$ 紧密连锁的 SSR 标记 AP5930,$Pi9$ 选择的准确性很高。MAS 结合回交育种进行背景选择具有 2 个重要目的:首先是加快遗传背景恢复到轮回亲本基因组的速度,缩短育种年限。研究者分析表明,如果通过 MAS 选出每个回交世代含有目的基因的植株中带有轮回亲本基因组比例最高的单株作为下一代回交的亲本,那么完全恢复到轮回亲本基因组的基因型只需要 3 代,而传统育种方法则需要 6~8 代。其次是背景选择可以减轻连锁累赘,可以最大限度地将目的基因外的其他基因型恢复到轮回亲本基因型,能有效剔除同目的基因一同导入的不利基因。

2.5 小结

(1) 筛选到了与目的基因 *Pi9* 紧密连锁,在抗稻瘟病基因供体亲本 K22 和受体亲本空育 131 间有多态性的 SSR 标记 AP5930。SSR 标记 AP5930 可用于培育新品系空育 131(*Pi9*)的前景选择。

(2) 从 300 个 SSR 标记中筛选到了在 K22 和空育 131 间的 SSR 标记 26 个,用于培育新品系空育 131(*Pi9*)的背景选择。

(3) 确定出与 *Pi9* 基因紧密连锁,且在 K22 和空育 131 间的 SSR 标记 RM19960 和 RM527 作为 *Pi9* 基因两侧交换选择 SSR 标记。

(4) 成功培育出农艺性状、耐冷性及品质性状优良,与空育 131 无显著差异,且背景恢复率达 100% 的水稻抗稻瘟病新品系空育 131(*Pi9*)-1 和空育 131(*Pi9*)-2。

(5) 抗稻瘟病新品系空育 131(*Pi9*)-1 和空育 131(*Pi9*)-2 与对照空育 131 为极近似品种。

参考文献

[1] OU S H,JENNINGS P R. Progress in the development of disease-resistant rice [J]. Annual Review of Phytopathology,1969,7(1):383-410.

[2] PENG S,KHUSH G S. Four decades of breeding for varietal improvement of irrigated lowland rice in the international rice research institute[J]. Plant Production Science,2003,6(3):157-164.

[3] HITTALMANI S,FOOLAD M R,MEW T,et al. Development of a PCR-based

marker to identify rice blast resistance gene, $Pi-2(t)$, in a segregating population [J]. Theoretical and Applied Genetics, 1995, 91(1) : 9-14.

[4]关世武. 空育 131 现象的分析与思考[J]. 中国稻米, 2005(2) : 13-14.

[5]HAMER J E, FARRALL L, ORBACH M J, et al. Host species-specific conservation of a family of repeated DNA sequences in the genome of a fungal plant pathogen[J]. Proceedings of the National Academy of Sciences, 1989, 86 (24) : 9981-9985.

[6]LIU G, LU G, ZENG L, et al. Two broad-spectrum blast resistance genes, $Pi9(t)$ and $Pi2(t)$, are physically linked on rice chromosome 6[J]. Molecular Genetics and Genomics, 2002, 267(4) : 472-480.

[7]QU S H, LIU G F, ZHOU B, et al. The broad-spectrum blast resistance gene $Pi9$ encodes a nucleotide-binding site-leucine-rich repeat protein and is a member of a multigene family in rice[J]. Genetics, 2006, 172(3) : 1901-1914.

[8]ALLARD R W. Principles of plant breeding[M]. New York: John Wiley & Sons, 1999.

3　抗稻瘟病水稻品系空育 131($Pi2$)-1 和空育 131($Pi2$)-2 的培育

3.1　相关研究

抗稻瘟病基因 $Pi2$ 和 $Pi9$ 是等位基因,被定位于水稻的第 6 号染色体的着丝粒区域附近。$Pi2/Pi9$ 位点中至少存在 5 个抗稻瘟病基因,分别为 $Pi2$、$Pi9$、Piz、$Piz-t$ 和 $Pigm$。$Pi2/Pi9$ 基因家族在禾本科植物中极其保守,并且属于同一进化枝。

$Pi2$ 是广谱、主效、显性抗稻瘟病基因。研究人员把 $Pi2$ 定位于标记 RG64 和 RG612 之间,遗传距离分别为 2.1 cM 和 7.2 cM;$Pi2$ 进一步被定位于标记 RG64 和 AP22 之间,遗传距离分别为 0.9 cM 和 1.2 cM。SSR 标记 SRM24 与 $Pi2$ 的遗传距离为 0.5 cM,物理距离约 43 kb。研究人员对来自菲律宾不同地区的 455 种稻瘟病菌株以及来自中国 13 个重要水稻种植区的 792 个不同菌株进行鉴定,基因 $Pi2$ 表现很强的抗性。

近年来,黑龙江水稻种植面积跨越式发展,同时,由于单一品种长期、大面积使用,以及综合防治稻瘟病技术落后,稻瘟病频繁发生,这严重威胁寒区水稻高产、稳产发展。培育新的抗稻瘟病水稻品种(品系)是黑龙江省水稻工作者的紧迫任务。在黑龙江省抗稻瘟病育种实践中,因为抗源基因资源狭窄,新培育的抗稻瘟病品种(品系)的抗性在推广应用 3~5 年内便会消失。引进优秀水稻种质中的广谱、高抗稻瘟病基因,培育具有新型抗稻瘟病基因的黑龙江水稻品种(品系),可有效延长抗病年限,缓解或解决水稻新品种(品系)短时期内抗性丧失的问题。

本书利用 MAS 体系将广谱、高抗稻瘟病基因 $Pi2$ 导入空育 131 的核基组中,赋予空育131抗稻瘟病性状,同时保持其其他性状不变,培育抗稻瘟病水稻新品系空育131($Pi2$)。这有利于维持并扩大水稻品种空育131的栽培面积,促进黑龙江省水稻生产发展。同时,MAS及多系品种培育克服了常规育种的育种周期长、容易造成连锁累赘等缺陷,为探索新的育种方法、拓宽黑龙江抗稻瘟病育种遗传资源奠定了基础。

3.2 材料与方法

3.2.1 材料

3.2.1.1 植物材料

受体亲本:空育131,黑龙江省主栽品种。

供体亲本:BL6,含有抗稻瘟病基因 $Pi2$。

蒙古稻:稻瘟病普感品种。

3.2.1.2 稻瘟病菌来源

每年水稻成熟期采集黑龙江省建三江地区及海南地区自然栽培的感病空育131穗颈瘟病样,自然风干,阴凉处保存备用。

3.2.1.3 SSR 标记

(1)前景选择及交换选择候选 SSR 标记

选取与目的基因 $Pi2$ 紧密连锁的 AP5930、PI2-4、PI31、AP5659-3、AP22 作为前景选择候选 SSR 标记,选取在双亲间多态性稳定且与目的基因物理距离较近的 SSR 标记,对目的基因进行前景选择。本书利用位于 $Pi2$ 基因两侧的 RM6836、RM527、RM19817、RM19887、RM19960、RM19961 作为交换选择候选 SSR 标记,对双亲进行多态性检测。抗稻瘟病基因 $Pi2$ 与这些候选 SSR 标记相对位置如图3-1所示。

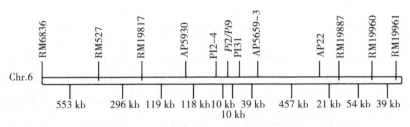

图 3-1　抗稻瘟病基因 *Pi*2 及 SSR 标记的物理图谱

(2) 背景选择候选 SSR 标记

为了培育新品系空育 131(*Pi*2)，每个连锁群从短臂端到长臂端均匀选择 25 个 SSR 分子标记，共选择 300 个背景选择候选 SSR 标记。背景选择候选 SSR 标记名称和位置见表 3-1。

表 3-1　培育空育 131(*Pi*2) 背景选择候选 SSR 标记

连锁群	SSR 标记				
	RM6464	RM10010	RM10022	RM1843	RM10027
	RM4959	RM10153	RM10253	RM10397	RM243
Chr. 1	RM10720	RM10910	RM24	RM11189	RM3341
	RM11395	RM246	RM1231	RM11799	RM5811
	RM12007	RM8062	RM12051	RM12127	RM12279
	RM12298	RM12300	RM6842	RM12317	RM12322
	RM6800	RM12332	RM233A	RM12510	RM12515
Chr. 2	RM12696	RM12793	RM3680	RM12955	RM13004
	RM13121	RM3630	RM7624	RM5427	RM13601
	RM13769	RM13825	RM13976	RM13995	RM406
	RM14240	RM14243	RM14247	RM14254	RM3413
	RM7332	RM14274	RM14280	RM14287	RM14402
Chr. 3	RM14575	RM218	RM5178	RM14893	RM15040
	RM15104	RM15298	RM15416	RM15622	RM8277
	RM15909	RM1230	RM16109	RM570	RM16242

续表

连锁群	SSR 标记				
	RM551	RM16280	RM16284	RM16296	RM16304
	RM16316	RM16333	RM16353	RM16393	RM16458
Chr. 4	RM16539	RM401	RM1236	RM16847	RM16876
	RM16903	RM16951	RM17004	RM16993	RM17184
	RM241	RM17392	RM17504	RM17518	RM17611
	RM17709	RM1248	RM17735	RM17754	RM1024
	RM17863	RM17900	RM3777	RM18012	RM18005
Chr. 5	RM18102	RM3683	RM18236	RM18318	RM7449
	RM3838	RM18539	RM18612	RM18759	RM3295
	RM18907	RM19057	RM480	RM19114	RM19223
	RM7158	RM19296	RM8101	RM19363	RM19371
	RM204	RM19427	RM19496	RM6119	RM20152
Chr. 6	RM19576	RM19600	RM19642	RM6701	RM19799
	RM19814	RM19889	RM1161	RM20049	RM3207
	RM314	RM528	RM20521	RM20557	RM20656
	RM20775	RM20797	RM6652	RM20856	RM20898
	RM21044	RM21096	RM21153	RM7121	RM1253
Chr. 7	RM8034	RM6018	RM21401	RM21511	RM21524
	RM21541	RM21561	RM432	RM21701	RM21713
	RM6432	RM22006	RM22030	RM22160	RM21871
	RM22189	RM6369	RM22225	RM22241	RM22357
	RM22367	RM8020	RM22508	RM22628	RM22788
Chr. 8	RM22804	RM22924	RM22933	RM23098	RM23201
	RM23232	RM23325	RM23359	RM23430	RM23511
	RM23520	RM3761	RM23565	RM5717	RM23627
	RM23664	RM23690	RM23707	RM5799	RM23801
	RM23835	RM5515	SSR23998	RM24049	RM24117
Chr. 9	RM24151	RM24190	RM24204	RM6839	RM24302
	RM24379	RM24491	RM257	RM553	RM3909
	RM24660	RM24748	RM24804	RM24837	RM24846

续表

连锁群	SSR 标记				
	RM7492	RM24866	RM24924	RM24950	RM24993
	RM25005	RM25200	RM25139	RM25299	RM25212
Chr. 10	RM216	RM25245	RM25284	RM311	RM25319
	RM25363	RM25429	RM25462	RM25510	RM25527
	RM25688	RM25722	RM25811	RM25839	RM25909
	RM286	RM3225	RM332	RM5599	RM167
	RM4504	RM26281	RM26315	RM26362	RM26434
Chr. 11	RM26482	RM26509	RM26547	RM26604	RM26698
	RM287	RM26797	RM6680	RM26924	RM26984
	RM27023	RM27151	RM27265	RM27334	RM27358
	RM27412	RM27430	RM27489	RM27537	RM27548
	RM27562	RM27630	RM27685	RM27689	RM27783
Chr. 12	RM27822	RM27926	RM28002	RM28018	RM28128
	RM28148	RM511	RM28204	RM28315	RM28449
	RM28537	RM28678	RM28765	RM28825	RM28828

3.2.1.4 化学及分子生物学试剂

(1)75%乙醇:取750 mL 95%乙醇,加水定容至950 mL。

(2)0.1%升汞:称取1 g $HgCl_2$ 溶解在1 000 mL 蒸馏水中,搅拌,添加1~2滴 Tween20。

(3)50×MS 钙盐母液:将无水氯化钙8.307 g 充分溶于450 mL 蒸馏水中,加蒸馏水定容至500 mL。

(4)100×MS 铁盐母液:称取1.865 g Na_2-EDTA 溶于400 mL 蒸馏水,加热至完全溶解,再加入1.39 g $FeSO_4 \cdot 7H_2O$ 充分溶解后,加蒸馏水定容至500 mL。

(5)100×MS 微量元素母液:称取1.115 g $MnSO_4 \cdot 4H_2O$、0.43 g $ZnSO_4 \cdot 7H_2O$、0.001 25 g $CuSO_4 \cdot 5H_2O$、0.001 25 g $CoCl_2 \cdot 6H_2O$、0.012 5 g $Na_2MoO_4 \cdot 2H_2O$、0.31 g H_3BO_3 和0.041 5 g KI,溶于450 mL 蒸馏水,加蒸馏水定容至500 mL。

（6）200×MS 有机物母液：称取 0.2 g 甘氨酸、0.05 g 烟酸、0.01 g 维生素 B_1、0.05 g 维生素 B_6 和 10 g 肌醇，溶于蒸馏水中定容至 500 mL。

（7）10×MS 大量元素母液：称取 16.5 g NH_4NO_3、19 g KNO_3、3.7 g $MgSO_4 \cdot 7H_2O$、1.7 g KH_2PO_4 溶于 900 mL 蒸馏水，加蒸馏水定容至 1 000 mL。

（8）MS 培养基：向 800 mL 蒸馏水中加入 30 g 蔗糖、7.5 g 琼脂粉，加热溶解后，再加入 100 mL 10×MS 大量元素母液、20 mL 50×MS 钙盐母液、10 mL 100×MS 铁盐母液、10 mL 100×MS 微量元素母液、5 mL 200×MS 有机物母液，加蒸馏水定容至 1 000 mL，pH 值调至 5.8，倒入试管中，高温高压灭菌。

（9）5 mol/L NaCl：称取 NaCl 29.22 g，加蒸馏水 80 mL 溶解，加水定容至 100 mL，高温高压灭菌。

（10）1 mol/L Tris-HCl（pH=8.0）：称取 Tris-base 12.11 g，加蒸馏水溶解并定容至 100 mL，用浓盐酸调 pH 值至 8.0，高温高压灭菌。

（11）0.5 mol/L EDTA：称取 Na_2-EDTA 186.1 g，加蒸馏水 800 mL 溶解，再加 NaOH 固体约 20 g，调 pH 值至 8.0，定容至 1 000 mL，高温高压灭菌。

（12）DNA 抽提液：取 100 mL 1 mol/L Tris-HCl（pH=8.0）、40 mL 0.5 mol/L EDTA（pH=8.0）、20 g CTAB、81.2 g NaCl，加灭菌蒸馏水，定容至 1 000 mL。

（13）TE 缓冲液：取 10 mL 1 mol/L Tris-HCl（pH=8.0）、2 mL 0.5 mol/L EDTA（pH=8.0），加蒸馏水定容至 1 000 mL。

（14）氯仿/乙醇/异戊醇：量取 84 mL 氯仿，再向氯仿中加入 15 mL 乙醇和 4 mL 异戊醇搅拌至充分混匀。

（15）5×TBE：取 54 g Tris-base、27.5 g 硼酸，溶于 800 mL 蒸馏水，加入 20 mL 0.5 mol/L EDTA（pH=8.0），搅拌混匀，定容至 1 000 mL。

（16）1×TBE：取 200 mL 5×TBE，加蒸馏水定容至 1 000 mL。

（17）40%丙烯酰胺：取 190 g 丙烯酰胺、10 g 甲叉双丙烯酰胺，溶于 950 mL 蒸馏水，加蒸馏水定容至 1 000 mL，贮存在棕色瓶中，4 ℃保存备用。

（18）10%过硫酸铵：称取 10 g 过硫酸铵，将其溶于 90 mL 蒸馏水中直至充分溶解。

（19）6%非变性聚丙烯酰胺凝胶：16 mL 蒸馏水，5 mL 5×TBE，3.75 mL 40%丙烯酰胺，250 μL 10%过硫酸铵，12 μL TEMED。

（20）0.1%$AgNO_3$ 溶液：称取 1 g $AgNO_3$ 溶解于 1 L 的蒸馏水，摇晃直至溶

解充分。

(21)NaOH-硼砂溶液:称取 15 g NaOH、0.19 g 硼砂,溶于 800 mL 蒸馏水,定容至 1 000 mL。

3.2.2　方法

3.2.2.1　分子检测

(1)水稻 DNA 提取

本书采用简单、快速抽提法提取水稻基因组 DNA。具体方法如下:

①从供试水稻材料植株上剪取 3~4 cm 长幼嫩叶片,置于灭菌的 1.5 mL 离心管中,存放于冰盒中。

②将离心管中的嫩叶置于研钵中,先用研磨棒稍微研磨一下,然后加入 400 μL DNA 抽提液继续研磨,直到叶片被完全磨碎。

③加入 400 μL DNA 抽提液,研磨充分。

④吸取 600 μL 研磨液置于 1.5 mL 离心管中。

⑤将装有研磨液的离心管置于 56 ℃水浴锅中 30 min,其间上下颠倒研磨液数次,使 DNA 抽提液与叶片充分混合。

⑥向离心管加入 600 μL 氯仿/乙醇/异戊醇,置于摇床中摇动 30 min。

⑦12 000 r/min,离心 10 min。

⑧吸取两次,每次 200 μL(共 400 μL)上清液于新的 1.5 mL 离心管中。

⑨向新的离心管中加入-20 ℃预冷的无水乙醇 800 μL,上下混匀离心管内的样品,-20 ℃放置 30 min(时间越长越好)。

⑩12 000 r/min 离心 10 min。

⑪将上清液倒掉,加入 400 μL 75%乙醇洗涤沉淀 DNA。

⑫12 000 r/min 离心 3min。

⑬弃去 75%乙醇,室温稍稍晾干 DNA。

⑭加入 56 ℃预热的 TE 缓冲液 50 μL,使 DNA 充分溶解。

⑮将溶解的 DNA 储存于-20 ℃。

（2）PCR 检测

10 μL 扩增体系如下：

10×*Taq* buffer（无 Mg^{2+}）	1.0 μL
$MgCl_2$（25 mmol/L）	0.6 μL
dNTP 混合物（10 mmol/L）	0.2 μL
正向引物 SSR Marker（10 μmol/L）	0.5 μL
反向引物 SSR Marker（10 μmol/L）	0.5 μL
Taq DNA 聚合酶（5 U/μL）	0.1 μL
模板 DNA	1.0 μL
ddH_2O	6.1 μL
总体积	10.0 μL

反应程序：

94 ℃	2 min	
94 ℃	45 s	
53 ℃	45 s	35 个循环
72 ℃	45 s	
72 ℃	5 min	
4 ℃	保存	

（3）非变性聚丙烯酰胺凝胶电泳

利用 6%非变性聚丙烯酰胺凝胶进行电泳检测。

①洗涤玻璃板、间隔片、封口槽和梳子等。

②将两块玻璃板对齐，在两块玻璃板中间插入间隔片，然后将该玻璃板置于封口槽中，用夹子固定于制胶板上。

③向封口槽中倒入 1% 溶解的琼脂糖凝胶，直至琼脂糖凝胶凝固完全，达到封口的作用。

④配制 6%非变性聚丙烯酰胺凝胶溶液，将其灌入两块玻璃板中间，直至达到玻璃板顶端，然后立即插入梳子，排净两块玻璃板中间的气泡。

⑤水平放置胶板，使胶体凝固（凝胶时间随室温的差异而不同）。

⑥待非变性聚丙烯酰胺凝胶完全凝固，拔掉封口胶。

⑦向电泳槽中加入 1×TBE 缓冲液，将原封口处的气泡排净，然后将胶板固

定于电泳槽上,小心地拔出梳子。

⑧向 PCR 产物中加入 6×上样缓冲液 2 μL,混匀。

⑨向每个加样孔中加入 1.8 μL 含有 2 μL 6×Loading Buffer 的 DNA 样品。

⑩点样完毕后,接通电泳仪,电压调至 120 V,定时 2.5 h。

⑪电泳完毕后,用钢尺小心地将两块玻璃板分开,在水中取下非变性聚丙烯酰胺凝胶,清洗凝胶。

⑫向洗胶盆中加入 400 mL 0.1% AgNO$_3$ 置于摇床中,摇动 4~6 min。

⑬回收 AgNO$_3$,用蒸馏水冲洗凝胶 2~3 次。

⑭加入 400 mL NaOH-硼砂溶液和 1.6 mL 甲醛,混匀,置于摇床中,震荡 5~10 min,直至出现清晰的条带。

⑮倒掉固定液,用蒸馏水清洗凝胶 2~3 次,将其置于凝胶成像系统拍照。

(4)电泳结果分析

①亲本间多态性分析

分别提取供体亲本 BL6 及受体亲本空育 131 的 DNA 作为模板,并以引物进行 PCR 扩增,通过非变性聚丙烯酰胺凝胶电泳、染色、显影后,分析该引物是否在两个亲本之间具有多态性,筛选出有多态性的引物作为前景选择或背景选择的标记引物。

②前景选择与背景选择分析

前景选择是筛选具有与供体亲本 BL6 相同条带的植株,也就是筛选 $Pi2$ 阳性植株。背景选择是在入选的 $Pi2$ 阳性群体的基础上,选择与受体亲本空育 131 背景恢复率高的个体。背景恢复率是指除目的基因以外的其他基因型与轮回亲本基因型相似程度,背景恢复率(%)= (L+M)/2L,其中 L 表示所有鉴定的分子标记数,M 表示恢复到轮回亲本的分子标记数。

3.2.2.2 稻瘟病抗性鉴定

(1)稻瘟病菌制备

①在超净工作台中,将稻瘟病病样以穗颈处为中心,从两端剪断成 6 cm 左右长的穗颈病样,用 75% 乙醇擦拭,再用 0.1% 升汞浸泡 5~6 min,无菌水冲洗 2~3 遍。

②滤纸用含有 50 μg/mL 链霉素的无菌水浸泡。稻瘟病样品置于培养皿内

滤纸上的牙签上,于培养箱内 25~28 ℃黑暗条件下培养 2~3 天,待样品表面产生深灰色孢子层。

③采用振落的方法将稻瘟病样品上的病菌分离到含有 50 μg/mL 链霉素的燕麦片番茄琼脂培养基上,封口后正置于 25~28 ℃黑暗培养箱中培养 2~3 天,待菌落长出。初长出的菌落有乳白色菌丝。

④从培养好的病菌中挑取单孢至新的含有 50 μg/mL 链霉素的燕麦片番茄琼脂培养基上,封口后置于 25~28 ℃培养箱内、黑暗条件下培养 5~6 天,至菌体遍布整个平板。

⑤用涂布棒蘸少许无菌水将稻瘟病菌菌丝轻轻涂布在培养基上,于超净工作台内吹干表面水分后,用 2 层纱布代替培养皿上盖覆盖于培养皿表面,在 25 ℃、光照条件下诱发产生孢子。

⑥控制诱发产生孢子环境的湿度,使培养基经 3~5 天完全干燥。干燥后将平板置于阴凉处贮存待用。

⑦将培养好的单孢转到高粱管中,于 25~28 ℃黑暗培养箱中培养 1 个月左右,待完全干燥且长有菌落的高粱粒变黑后,于-20 ℃保存。

(2)稻瘟病菌接种

本试验在水稻分蘖期采用注射接种与喷雾接种相结合的方法。

①稻瘟病苗圃的设计:将待鉴定植株(包括亲本和各世代回交及自交后代阳性植株)分成 2 排种,行距与间距均在 25 cm 左右,以保证植株的充分生长空间;在距离待鉴定植株 25 cm 处种上 3~5 圈蒙古稻,以利于稻瘟病的诱发。

②自然条件选择:一般选在阴雨且气温在 28 ℃左右的天气,如果是晴天,要在下午 5 点之后无直射光才能接种。接种前 4~5 天给水稻增施氮肥,保证一定的水层。

③孢子悬液的配制:将在干燥、阴凉处贮存的稻瘟病孢子平板用浸有蒸馏水的脱脂棉清洗。清洗下来的悬液用纱布过滤后再放入盛有蒸馏水的烧杯中,经搅拌配制成孢子悬液,在 100 倍显微镜下观察其孢子浓度(平均每个视野 20~25 个,即大约 2×10^5 个/mL)。加入少量 0.05%表面亲和剂 Tween20。孢子悬液一般现用现配。

④注射接种:使用注射器从叶鞘外侧注射,直至稻瘟病菌菌液从心叶冒出。每株水稻接种 3 个分蘖。

⑤喷雾接种:将孢子悬液装入干净的喷壶中对水稻叶片进行喷雾接种,叶片表面和背面都要喷洒。

(3)稻瘟病调查

注射接种稻瘟病菌10~15天后,待感病对照品种蒙古稻高度发病时,说明接种成功,按照Mackill和Bonman(1992)的0~5级标准调查稻瘟病发病情况,如表3-2所示。当抗性级别为0~2级时为抗病,抗性级别达到3级及以上时,为感病。感病品种达到3级以上(不包括3级)为有效接种。调查时,每个分蘖从剑叶(包括剑叶)起往下数3片叶作为调查对象,并将最严重的一片叶作为该分蘖的病情指数,然后将每株的3个分蘖病情指数的平均值作为该株水稻病情指数。

表3-2　稻瘟病抗性分级标准

级别	症状	叶片病斑	抗性
0级	叶片无病斑产生		R
1级	叶片上有针尖状褐斑点产生,无坏死		R
2级	叶片上有稍大的褐斑发生,直径约为0.5 mm,无坏死		R
3级	叶片上病斑扩展成椭圆形灰色小坏死斑,直径为1~2 mm		S
4级	叶片上产生典型病斑,椭圆形,直径为5~6 mm,边缘褐色		S
5级	病斑连成片,叶片枯死		S

3.2.2.3　耐冷性鉴定

将供试材料浸种,常规育苗,之后移栽到大田,生长40天左右时将苗移栽到盆里。每盆栽 3 穴,室外自然条件继续生长,待水稻剑叶叶枕距为 0 cm(或 ±2 cm)时,每穴选 3 棵,挂上标签,移至人工气候室中进行低温处理,温度 17 ℃,光照 600 μmol·m^{-2}·s^{-1}。10 天后,移至温室内,自然条件下恢复,直至成熟,以平均结实率作为耐冷性评价指标。孕穗期耐冷性根据水稻空壳率来判断,分 1~9 级评价:1 级为 0~20%,3 级为 21%~40%,5 级为 41%~60%,7 级为 61%~80%,9 级为 81%~100%。

3.2.2.4 空育 131($Pi2$)农艺性状鉴定

选择培育好的新品系空育 131($Pi2$)及对照品种空育 131 进行田间试验。试验材料种植于黑龙江大学呼兰校区水稻试验基地。田间试验设计采用随机区组法,3 个重复,共 3 个小区。小区设计为 6 行,行长 10 m,插秧规格为 30 cm×10 cm×3 株/蔸,小区面积为 18 m^2。每个小区水肥管理一致,不进行化学药剂防病防虫作业,与一般大田管理相同。

收获期对入选的新品系空育 131($Pi2$)进行农艺性状考察。考察内容及方法如表 3-3 所示。

表 3-3 空育 131($Pi2$)农艺性状评价

农艺性状	考察方法
株高/cm	每小区 5 个单株从顶端到根茎交界处高度的平均值
穗数/(穗·株$^{-1}$)	每小区 5 个单株每穗结实超过 5 粒的穗数的平均值
穗重/g	每小区 5 个单株每穗结实超过 5 粒的穗重的平均值
生育期/天	从播种到籽粒成熟所经历的天数
小区产量/(kg·m^{-2})	每小区按对角线均匀选 3 点,每点割 1 m^2,稻谷脱粒,干燥至 14%水分,称重。3 点平均值为该小区产量
穗长/cm	每小区 5 个单株 10 穗的长度平均值
穗总粒数(粒·穗$^{-1}$)	每小区 5 个单株 10 穗的总粒数
穗实粒数/(粒·穗$^{-1}$)	每小区 5 个单株 10 穗的实粒数
结实率/%	每小区 5 个单株 10 穗的实粒数/总粒数
千粒重/g	每小区 5 个单株 1 000 粒实粒的质量

3.2.2.5 稻米品质性状鉴定

使用 SC-E 型种子大米外观品质检测仪,对供试材料糙米的长/宽、精米率、整精米率、透明度、垩白粒率和垩白度等指标进行检测。直链淀粉含量用大米食味计测定。粳稻品种品质性状等级判定标准见表 3-4。

表 3-4 粳稻品种品质性状等级

品质性状	等级		
	一	二	三
精米率/%	≥74.0	≥72.0	—
整精米率/%	≥69.0	≥65.0	≥63.0
垩白粒率/%	<5	<10	—
垩白度/%	≤1	≤3	≤5
透明度/级	≤1	—	—
直链淀粉含量/%	13.0~18.0	13.0~19.0	13.0~20.0

3.2.2.6 水稻空育 131(*Pi2*) 的相似性鉴定

采用国家农业行业标准 NY/T 1433—2014《水稻品种鉴定技术规程 SSR 标记法》鉴定新培育的空育 131(*Pi2*)与受体亲本空育 131 之间的差异。根据标准规定,在 48 个 SSR 标记的检测结果中:

①品种之间检测到的标记差异大于等于 2 个标记时,判定为"不同品种";

②品种之间检测到的标记差异为 1 个标记时,判定为"近似品种";

③品种之间检测到的标记差异为 0 个标记时,判定为"相同品种或极近似品种"。

鉴定用 48 个 SSR 标记详细信息如表 3-5。

表 3-5　鉴定用 SSR 标记

编号	标记	染色体	标记类型	引物序列（5′—3′）	常见等位变异
A01	RM297	1	I	正向：AGATCCATCCCTGTGGAGAG 反向：GCGAACTCGCGTTGTAATC	180~195
A02	RM71	2	I	正向：CTAGAGGCGAAAACGAGATG 反向：GGGTGGGCGAGGTAATAATG	122~148
A03	RM85	3	I	正向：CCAAAGATGAAACCTGGATTG 反向：GCACAAGGTGAGCAGTCC	80~104
A04	RM5414	4	I	正向：ACGCACAAGCAGATGATGAG 反向：GGGAGAAGACGAATGTTTGC	102~114
A05	RM274	5	I	正向：CCTCGCTTATGAGAGCTTCG 反向：CTTCTCCATCACTCCCATGG	149~162
A06	RM190	6	I	正向：CTTTGTCTATCTCAAGACAC 反向：TTGCAGATGTTCTTCCTGATG	109~122
A07	RM336	7	I	正向：CTTACAGAGAAACGGCATCG 反向：GCTGGTTTGTTTCAGGTTCG	151~193
A08	RM72	8	I	正向：CCGGCGATAAAACAATGAG 反向：GCATCGGTCCTAACTAAGGG	163~193
A09	RM219	9	I	正向：CGTCGGATGATGTAAAGCCT 反向：CATATCGGCATTCGCCTG	194~222
A10	RM311	10	I	正向：TGGTAGTATAGGTACTAAACAT 反向：TCCTATACACATACAAACATAC	160~182
A11	RM209	11	I	正向：ATATGAGTTGCTGTCGTGCG 反向：CAACTTGCATCCTCCCCTCC	125~160
A12	RM19	12	I	正向：CAAAAACAGAGCAGATGAC 反向：CTCAAGATGGACGCCAAGA	216~253
B01	RM1195	1	II	正向：ATGGACCACAAACGACCTTC 反向：CGACTCCCTTGTTCTTCTGG	142~152
B02	RM208	2	II	正向：TCTGCAAGCCTTGTCTGATG 反向：TAAGTCGATCATTGTGTGGACC	167~182

续表

编号	标记	染色体	标记类型	引物序列(5′-3′)	常见等位变异
B03	RM232	3	II	正向:CCGGTATCCTTCGATATTGC 反向:CCGACTTTTCCTCCTGACG	141～161
B04	RM273	4	II	正向:CATCCCCCTGCTGCTGCTGCTG 反向:CGCCGGATGTGTGGGACTAGCG	166～169
B05	RM267	5	II	正向:TGCAGACATAGAGAAGGAAGTG 反向:AGCAACAGCACAACTTGATG	138～156
B06	RM253	6	II	正向:TCCTTCAAGAGTGCAAAACC 反向:GCATTGTCATGTCGAAGCC	133～142
B07	RM18	7	II	正向:TAGCTAGCCGATTGAATGGC 反向:CTCCACCTCCTATGTTGTTG	146～165
B08	RM337	8	II	正向:GTAATCGATGCTGTGGGAAG 反向:GAGTCATGTGATAGCCATATG	140～158
B09	RM278	9	II	正向:GTAGTGAGCCTAACAATAATC 反向:TCAACTCAGCATCTCTGTCC	128～142
B10	RM258	10	II	正向:TGCTGTATGTAGCTCGCACC 反向:TGGCCTTTAAAGCTGTCGC	128～146
B11	RM224	11	II	正向:ATCGATCGATCTTCACGAGG 反向:TGCTATAAAAGGCATTCGGG	128～157
B12	RM17	12	II	正向:TGCCCTGTTATTTTCTTCTCTC 反向:GGTGATCCTTTCCCATTTCA	159～185
C01	RM493	1	III	正向:TAGCTCCAACAGGATCGACC 反向:GTACGTAAACGCGGAAGGTG	210～264
C02	RM561	2	III	正向:GAGCTGTTTTGGACTACGGC 反向:GAGTAGCTTTCTCCCACCCC	185～195
C03	RM8277	3	III	正向:AGCACAAGTAGGTGCATTTC 反向:ATTTGCCTGTGATGTAATAGC	165～212
C04	RM551	4	III	正向:AGCCCAGACTAGCATGATTG 反向:GAAGGCGAGAAGGATCACAG	184～190

续表

编号	标记	染色体	标记类型	引物序列(5′-3′)	常见等位变异
C05	RM598	5	Ⅲ	正向：GAATCGCACACGTGATGAAC 反向：ATGCGACTGATCGGTACTCC	153～162
C06	RM176	6	Ⅲ	正向：CGGCTCCCGCTACGACGTCTCC 反向：AGCGATGCGCTGGAAGAGGTGC	133～136
C07	RM432	7	Ⅲ	正向：TTCTGTCTCACGCTGGATTG 反向：AGCTGCGTACGTGATGAATG	168～188
C08	RM331	8	Ⅲ	正向：GAACCAGAGGACAAAAATGC 反向：CATCATACATTTGCAGCCAG	151～171
C09	OSR28	9	Ⅲ	正向：AGCAGCTATAGCTTAGCTGG 反向：ACTGCACATGAGCAGAGACA	132～178
C10	RM590	10	Ⅲ	正向：CATCTCCGCTCTCCATGC 反向：GGAGTTGGGGTCTTGTTCG	139～146
C11	RM219	11	Ⅲ	正向：ACAGTATTCCGTAGGCACGG 反向：GCTCCATGAGGGTGGTAGAG	128～160
C12	RM3331	12	Ⅲ	正向：CCTCCTCCATGAGCTAATGC 反向：AGGAGGAGCGGATTTCTCTC	110～150
D01	RM443	1	Ⅳ	正向：GATGGTTTTCATCGGCTACG 反向：AGTCCCAGAATGTCGTTTCG	119～123
D02	RM490	1	Ⅳ	正向：ATCTGCACACTGCAAACACC 反向：AGCAAGCAGTGCTTTCAGAG	92～99
D03	RM424	2	Ⅳ	正向：TTTGTGGCTCACCAGTTGAG 反向：TGGCTCATTCATGTCATC	240～280
D04	RM423	2	Ⅳ	正向：AGCACCCATGCCTTATGTTG 反向：CCTTTTTCAGTAGCCCTCCC	268～289
D05	RM571	3	Ⅳ	正向：GGAGGTGAAAGCGAATCATG 反向：CCTGCTGCTCTTTCATCAGC	179～185
D06	RM231	3	Ⅳ	正向：CCAGATTATTTCCTGAGGTC 反向：CACTTGCATAGTTCTGCATTG	186～194

续表

编号	标记	染色体	标记类型	引物序列(5′-3′)	常见等位变异
D07	RM567	4	IV	正向:ATCAGGGAAATCCTGAAGGG 反向:GGAAGGAGCAATCACCACTG	248~260
D08	RM289	5	IV	正向:TTCCATGGCACACAAGCC 反向:CTGTGCACGAACTTCCAAAG	87~106
D09	RM542	7	IV	正向:TGAATCAAGCCCCTCACTAC 反向:CTGCAACGAGTAAGGCAGAG	87~111
D10	RM316	9	IV	正向:CTAGTTGGGCATACGATGGC 反向:ACGCTTATATGTTACGTCAAC	196~202
D11	RM332	11	IV	正向:GCGAAGGCGAAGGTGAAG 反向:CATGAGTGATCTCACTCACCC	162~167
D12	RM7102	12	IV	正向:TAGGAGTGTTTAGAGTGCCA 反向:TCGGTTTGCTTATACATCAG	170~190

3.2.2.7 育种技术路线

抗稻瘟病新品系空育 131(*Pi2*)培育过程如图 3-2 所示。以空育 131 为母本、籼稻品种 BL6 为父本进行有性杂交,对 F_1 代基于 SSR 标记淘汰伪杂种,得到的 F_1 代真杂种与轮回亲本空育 131 进行回交,得到 BC_1F_1 代。对 BC_1F_1 代群体进行前景选择、交换选择、背景选择及田间稻瘟病抗性鉴定。入选 BC_1F_1 代植株继续与空育 131 回交数次,得到 BC_5F_1 代,每个回交后代均进行前景选择、交换选择、背景选择及田间稻瘟病抗性鉴定,直至筛选出含有目的基因、抗病基因两侧发生交换、背景恢复率高、抗病并且农艺性状良好的植株,BC_5F_1 代再自交数次,至育成空育 131(*Pi2*)。

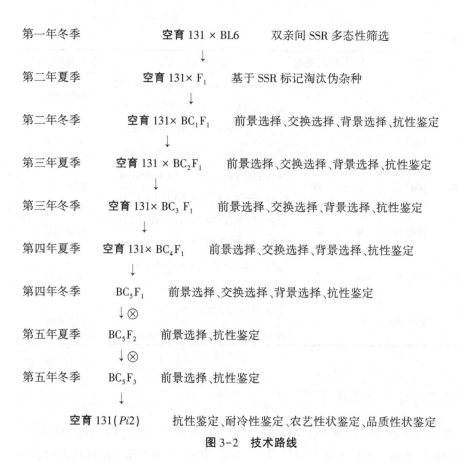

第一年冬季	**空育** 131 × BL6	双亲间 SSR 多态性筛选
	↓	
第二年夏季	**空育** 131× F$_1$	基于 SSR 标记淘汰伪杂种
	↓	
第二年冬季	**空育** 131× BC$_1$F$_1$	前景选择、交换选择、背景选择、抗性鉴定
	↓	
第三年夏季	**空育** 131 × BC$_2$F$_1$	前景选择、交换选择、背景选择、抗性鉴定
	↓	
第三年冬季	**空育** 131× BC$_3$F$_1$	前景选择、交换选择、背景选择、抗性鉴定
	↓	
第四年夏季	**空育** 131× BC$_4$F$_1$	前景选择、交换选择、背景选择、抗性鉴定
	↓	
第四年冬季	BC$_5$F$_1$	前景选择、交换选择、背景选择、抗性鉴定
	↓⊗	
第五年夏季	BC$_5$F$_2$	前景选择、抗性鉴定
	↓⊗	
第五年冬季	BC$_5$F$_3$	前景选择、抗性鉴定
	↓	
	空育 131(*Pi*2)	抗性鉴定、耐冷性鉴定、农艺性状鉴定、品质性状鉴定

图 3-2　技术路线

　　为提高杂交粒的成活率,减少外界因素对杂交粒的影响,保障试验的正常进行,本书采用组织培养的方法育苗。从杂交粒中选取成熟饱满的种子,去壳;在无菌条件下,用75%乙醇对去壳的种子消毒 1~2 min;用灭菌蒸馏水冲洗种子 3~4 次;加入 0.1%升汞浸泡 15 min;用灭菌蒸馏水冲洗 4~5 次。将消毒后的种子接入 1/2MS 培养基中,26 ℃条件下光照培养。待培养的植株株高达到 15~20 cm 时,打开培养管盖,加入适量灭菌蒸馏水,在组织培养室中锻炼 3~4 天,然后将其转入温室锻炼 2~3 天。之后将其从试管中取出,小心洗掉根部的培养基,剪掉过长的叶片及根(根部留取约 1.5 cm)移入土壤。

3.3　结果与分析

3.3.1　空育 131(*Pi2*) 的 MAS 体系

3.3.1.1　前景选择

本书选取与 *Pi2* 基因紧密连锁的 AP22、AP5930、PI2-4、PI31 和 AP5659-3 这 5 个 SSR 分子标记,对受体亲本空育 131 和供体亲本 BL6 之间进行多态性筛选,结果可见图 3-3。由图可知,标记 AP22 和 PI2-4 在受体亲本空育 131 和供体亲本 BL6 之间均具有多态性,由于标记 PI2-4 与 *Pi2* 基因的物理距离为 10 kb,小于标记 AP22 与 *Pi2* 基因的物理距离 506 kb,故确定标记 PI2-4 为培育空育 131(*Pi2*) 的前景选择 SSR 标记。

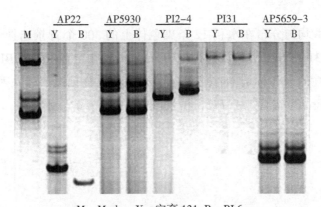

M—Marker;Y—空育 131;B—BL6。

图 3-3　前景选择候选 SSR 标记的多态性

3.3.1.2　交换选择

在 *Pi2* 基因两侧选取 RM527、RM6836、RM19817、RM19960、RM19887、RM19961 这 6 个 SSR 分子标记作为交换选择候选 SSR 标记,受体亲本空育 131

和供体亲本 BL6 之间的多态性筛选结果见图 3-4。由图 3-4 可知, SSR 标记 RM19960 和 RM527 在空育 131 和 BL6 之间具有明显多态性, 故确定 SSR 标记 RM19960(右侧)和 RM527(左侧)为判断 *Pi*2 基因两侧的染色体区段是否发生交换的选择标记。

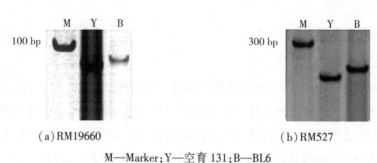

(a)RM19660　　　　　　　　　　(b)RM527

M—Marker; Y—空育 131; B—BL6

图 3-4　交换选择 SSR 标记的多态性

3.3.1.3　背景选择

本书选取均匀分布在水稻 12 条染色体上的 300 个背景选择候选 SSR 标记, 对空育 131 和 BL6 进行多态性检验, 结果得到在空育 131 和 BL6 间具有明显稳定多态性的 SSR 标记 48 个(标记名称及其位置见图 3-5), 利用这 48 个 SSR 标记对新品系空育 131(*Pi*2)进行背景选择。

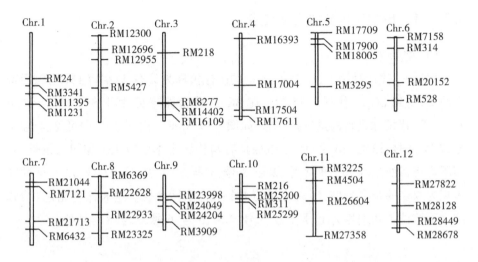

图3-5　空育131(*Pi2*)背景选择SSR标记分布图

3.3.2　空育131(*Pi2*)的培育

第一年水稻生长季,以空育131为母本、含抗稻瘟病基因*Pi2*的BL6为父本,杂交得到F₁代种子。次年在水稻生长苗期,利用SSR标记PI2-4对F₁代群体进行前景选择,结果如图3-6所示。由图3-6可见,1号至9号植株均表现为双亲杂合带型,说明其可能含有抗瘟基因*Pi2*,选为阳性植株,开展后续试验。

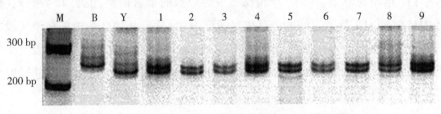

M—Marker;B—BL6;Y—空育131;1~9—F₁代植株

图3-6　前景选择结果

3.3.2.1　BC₁F₁ 代植株鉴定选择

（1）前景选择

根据 F₁ 代选择结果，以 F₁ 代入选的阳性植株为父本，以空育 131 为轮回亲本回交，得到 BC₁F₁ 代种子 15 颗。在 BC₁F₁ 代植株苗期，利用 SSR 标记 PI2-4 对 BC₁F₁ 代植株进行前景选择，结果如图 3-7 所示。由图 3-7 中可见，4 号、6 号、7 号、9 号、13 号、14 号、15 号植株具有与轮回亲本空育 131 相同的条带，表明不含有目的基因 *Pi2*；而 1 号、2 号、3 号、5 号、8 号、10 号、11 号、12 号植株则表现为双亲的杂合带型，即为可能的 *Pi2* 杂合阳性植株。这 8 株可能含有 *Pi2* 的水稻植株重新编号为 1 号、2 号、3 号、4 号、5 号、6 号、7 号、8 号植株。

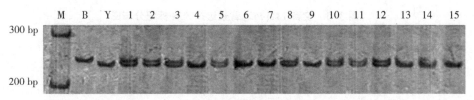

M—Marker；B—BL6；Y—空育 131；1~15—BC₁F₁ 代植株

图 3-7　前景选择结果

（2）交换选择

本着对回交低世代进行单侧交换选择鉴定的原则，本书首先利用位于 *Pi2* 基因左侧的 SSR 标记 RM527，对 BC₁F₁ 代前景选择入选的 8 株植株，进行单侧交换选择，结果如图 3-8 所示。从图 3-8 中可知，4 号植株表现为与受体亲本空育 131 相同的带型，其余 7 个植株表现为双亲的杂合带型，说明 4 号植株在标记 RM527 和 *Pi2* 基因之间的染色体区段已发生交换，其他 7 个植株在该区段的未发生交换。因此本书最终获得 1 株在 *Pi2* 基因和 RM527 染色体区段发生单交换的 BC₁F₁ 代植株，命名为 BC₁F₁-4，并将该植株作为与轮回亲本进行回交的材料，开展后续选育工作。

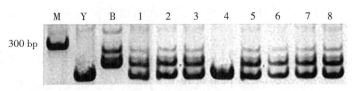

M—Marker;Y—空育 131;B—BL6;1~8—BC$_1$F$_1$ 代植株

图 3-8 交换选择结果

（3）背景选择

48 个背景选择 SSR 标记对交换选择入选的 BC$_1$F$_1$-4 植株进行背景选择鉴定,结果表明 BC$_1$F$_1$-4 植株背景恢复率为 88.54%（表 3-6）,可进一步培育。

（4）稻瘟病抗性鉴定

对 BC$_1$F$_1$-4 植株、供体亲本 BL6、受体亲本空育 131 及感病对照品种蒙古稻进行田间稻瘟病抗性接种鉴定,结果见表 3-6。由表 3-6 可知,蒙古稻和受体亲本空育 131 均表现感病,供体亲本 BL6 表现抗病,BC$_1$F$_1$-4 植株未发病,对稻瘟病表现出抗性,该结果与前景选择结果一致,说明通过 MAS 技术选择的抗稻瘟病基因 *Pi2* 阳性植株是真实有效的。

表 3-6 BC$_1$F$_1$ 代阳性植株背景恢复率和稻瘟病抗性鉴定

植株	背景恢复率/%	稻瘟病级别				抗性
		蘖 1	蘖 2	蘖 3	平均值	
蒙古稻	—	4	5	4	4.33±0.58	S
BL6	—	1	1	0	0.67±0.58 * *	R
空育 131	—	5	3	4	4.00±1.00	S
BC$_1$F$_1$-4	88.54	0	0	0	0.00±0.00 * *	R

注:S 为感病,R 为抗病,"* *"表示与亲本空育 131 比较差异显著（$P<0.01$）。

3.3.2.2 BC$_2$F$_1$~BC$_5$F$_1$ 代植株鉴定选择

以选择得到的含有 *Pi2* 基因、一侧发生交换、背景恢复率为 88.54%、抗稻瘟病的 BC$_1$F$_1$-4 植株为试验材料,与轮回亲本空育 131 回交,得到 BC$_2$F$_1$、

BC_3F_1、BC_4F_1、BC_5F_1 代植株,对各回交世代的植株利用 MAS 体系进行鉴定选择,结果见表 3-7。

由表 3-7 可知,BC_2F_1 代 6 株阳性植株中,有 1 株发生了单侧交换选择,其背景恢复率为 95.83%,后续以其为父本与空育 131 回交,得到 $BC_3F_1 \sim BC_5F_1$ 代。以后各个回交世代按照前景选择 $Pi2$ 阳性、发生双侧交换、稻瘟病接种鉴定表现抗病及背景恢复率表现高的原则进行选择,BC_3F_1 代中有含有 $Pi2$ 基因的发生双侧交换、背景恢复率达到 96.88% ~ 98.96% 的植株 4 株。在 BC_4F_1 代 11 株植株中,通过 MAS 技术及接种鉴定,选择出 4 株含 $Pi2$ 抗稻瘟病基因的植株。BC_4F_1 代 4 株植株与轮回亲本杂交获得 BC_5F_1 代植株 18 株,通过 MAS 技术及接种鉴定,得到 5 株阳性植株(含 $Pi2$ 抗稻瘟病基因、发生双侧交换、抗稻瘟病、背景恢复率为 100%)。

表 3-7　水稻空育 131($Pi2$)品系 $BC_2F_1 \sim BC_5F_1$ 代植株选择

世代	前景选择		RM527		RM19960		背景恢复率/%		接种后入选/株
	杂种/株	$Pi9$阳性/株	检测/株	交换/株	检测/株	交换/株	最高	最低	
BC_2F_1	12	6	/	/	6	1	95.83	95.83	1
BC_3F_1	16	6	6	6	6	6	98.96	96.88	4
BC_4F_1	11	6	6	6	6	6	98.96	100.00	4
BC_5F_1	18	8	8	8	8	8	100.00	100.00	5

3.3.2.3　BC_5F_2 代植株鉴定选择

(1)前景选择

为获得空育 131($Pi2$)新品系,将 BC_5F_1 代入选的 5 株植株自交,获得 22 株 BC_5F_2 代植株。利用前景选择 SSR 标记 PI2-4 对自交植株进行 $Pi2$ 基因检测,结果见图 3-9。从图 3-9 中可见:1 号、3 号、6 号、19 号、20 号植株表现为亲本空育 131 的带型,说明其不含有 $Pi2$ 基因,淘汰;2 号、7 号、8 号、10 号、11 号、13 号、14 号、16 号、17 号、18 号、21 号、22 号植株表现为双亲的杂合带型,说明其可能含有杂合的基因;而 4 号、5 号、9 号、12 号、15 号植株具有与供体亲本 BL6 相同的条带,表明其可能含有纯合的基因。结合田间生长状况,最终选取 17 株 *Pi*2 阳性植株(重新编号为 1~17 号)进行抗性鉴定。

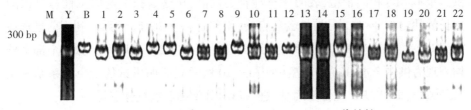

M—Marker;Y—空育 131;B—BL6;1~22—BC$_5$F$_2$ 代植株

图 3-9　前景选择结果

(2)稻瘟病抗性鉴定

BC$_5$F$_2$ 代阳性植株及双亲对照、感病对照蒙古稻的稻瘟病抗性接种鉴定结果(见表 3-8)表明,蒙古稻和亲本空育 131 均感病,亲本 BL6 和 BC$_5$F$_2$ 代植株全部抗病,说明抗稻瘟病基因 *Pi*2 真实存在,可做进一步的培育。

表 3-8　BC$_5$F$_2$ 代植株稻瘟病抗性鉴定

材料	发病指数	抗性	材料	发病指数	抗性
蒙古稻	4.33±0.58	S	8 号	1.43±0.35＊＊	R
BL6	0.67±0.58＊＊	R	9 号	1.41±0.26＊＊	R
空育 131	4.00±1.00	S	10 号	1.42±0.29＊＊	R
1 号	1.96±0.37＊＊	R	11 号	1.43±0.41＊＊	R
2 号	1.65±0.22＊＊	R	12 号	1.38±0.23＊＊	R
3 号	1.38±0.23＊＊	R	13 号	1.41±0.16＊＊	R
4 号	1.62±0.28＊＊	R	14 号	1.43±0.35＊＊	R
5 号	1.73±0.34＊＊	R	15 号	1.65±0.22＊＊	R
6 号	1.44±0.43＊＊	R	16 号	1.38±0.23＊＊	R
7 号	1.41±0.16＊＊	R	17 号	1.62±0.28＊＊	R

注:S 为感病,R 为抗病,"＊＊"表示与亲本空育 131 比较差异显著($P<0.01$)。

3.3.2.4 BC₅F₃ 代植株鉴定选择

（1）前景选择

根据 BC₅F₂ 代植株选择鉴定结果，4 号、5 号、9 号、12 号、15 号植株具有与供体亲本 BL6 相同带型，表明含有纯合的基因，从这 5 株中选取抗性好且田间生长健壮的 9 号和 12 号植株套袋自交，得到了 2 个 BC₅F₃ 株系。利用前景选择标记 PI2-4 对 2 个 BC₅F₃ 株系进行 *Pi2* 基因检测，结果表明两个株系全部植株均表现为供体亲本 BL6 的带型（如图 3-10 所示），说明供试的 2 个株系基因型已经纯合，即 *Pi2Pi2* 纯合基因型，进一步对其做稻瘟病抗性鉴定。

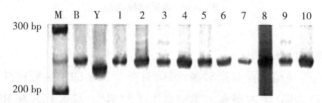

M—Marker；B—BL6；Y—空育 131；1~5—BC₅F₃-1 株系植株；6~10—BC₅F₃-2 株系植株

图 3-10　对 BC₅F₃ 代两个株系的前景选择结果

（2）稻瘟病抗性鉴定

BC₅F₃-1 株系和 BC₅F₃-2 株系的稻瘟病接种鉴定结果见表 3-9。从表 3-9 可知，蒙古稻和受体亲本空育 131 均表现感病，供体亲本 BL6 表现抗病，两个株系各植株发病指数均未大于 1，表现为抗病。水稻成熟期收获 BC₅F₃-1 株系和 BC₅F₃-2 株系种子，分别混合后形成两个品系，命名为空育 131（Pi2）-1 和空育 131（*Pi2*）-2。后续针对这两个品系做系列鉴定。

表 3-9　BC_5F_3-1 株系和 BC_5F_3-2 株系稻瘟病抗性鉴定

材料	发病指数	抗性	材料	发病指数	抗性
蒙古稻	4.33±0.58	S	5 号	0.33±0.58＊＊	R
BL6	0.67±0.58＊＊	R	6 号	1.00±0.00＊＊	R
空育 131	4.00±1.00	S	7 号	0.33±0.58＊＊	R
1 号	0.67±0.58＊＊	R	8 号	0.67±0.58＊＊	R
2 号	0.00±0.00＊＊	R	9 号	1.00±0.00＊＊	R
3 号	0.33±0.58＊＊	R	10 号	0.00±0.00＊＊	R
4 号	0.67±0.58＊＊	R			

注:S 为感病,R 为抗病,"＊＊"表示与亲本空育 131 比较差异显著($P<0.01$),1～5 号为 BC_5F_3-1 株系植株,6～10 号为 BC_5F_3-2 株系植株。

3.3.3　空育 131($Pi2$)的鉴定

3.3.3.1　空育 131 与空育 131($Pi2$)的相似性鉴定

为了解新品系空育 131($Pi2$)-1 和空育 131($Pi2$)-2 与空育 131 的差异,本书采用国家农业行业标准 NY/T 1433—2014《水稻品种鉴定技术规程　SSR 标记法》对两个新品系和空育 131 之间进行品种相似性鉴定,结果见表 3-10。由表 3-10 可知,48 个 SSR 标记在两个新品系与对照品种空育 131 之间检测位点差异数为 0,表明 2 个新品系与对照空育 131 之间无差异,根据标准规定可以判定为"相同品种或极近似品种",即新品系空育 131($Pi2$)-1 和空育 131($Pi2$)-2 与空育 131 是极近似品种。

表 3-10　两个新品系和空育 131 品种相似性鉴定

标记名称	标记类型	染色体	空育131 (Pi2)-1	空育131 (Pi2)-2	空育131	标记名称	标记类型	染色体	空育131 (Pi2)-1	空育131 (Pi2)-2	空育131
RM297	I	1	无差异	无差异	无差异	RM493	III	1	无差异	无差异	无差异
RM71	I	2	无差异	无差异	无差异	RM561	III	2	无差异	无差异	无差异
RM85	I	3	无差异	无差异	无差异	RM8277	III	3	无差异	无差异	无差异
RM5414	I	4	无差异	无差异	无差异	RM551	III	4	无差异	无差异	无差异
RM274	I	5	无差异	无差异	无差异	RM598	III	5	无差异	无差异	无差异
RM190	I	6	无差异	无差异	无差异	RM176	III	6	无差异	无差异	无差异
RM336	I	7	无差异	无差异	无差异	RM432	III	7	无差异	无差异	无差异
RM72	I	8	无差异	无差异	无差异	RM331	III	8	无差异	无差异	无差异
RM219	I	9	无差异	无差异	无差异	OSR28	III	9	无差异	无差异	无差异
RM311	I	10	无差异	无差异	无差异	RM590	III	10	无差异	无差异	无差异
RM209	I	11	无差异	无差异	无差异	RM219	III	11	无差异	无差异	无差异
RM19	I	12	无差异	无差异	无差异	RM3331	III	12	无差异	无差异	无差异
RM1195	II	1	无差异	无差异	无差异	RM443	IV	1	无差异	无差异	无差异
RM208	II	2	无差异	无差异	无差异	RM490	IV	2	无差异	无差异	无差异
RM232	II	3	无差异	无差异	无差异	RM424	IV	3	无差异	无差异	无差异
RM273	II	4	无差异	无差异	无差异	RM423	IV	4	无差异	无差异	无差异
RM267	II	5	无差异	无差异	无差异	RM571	IV	5	无差异	无差异	无差异
RM253	II	6	无差异	无差异	无差异	RM231	IV	6	无差异	无差异	无差异
RM18	II	7	无差异	无差异	无差异	RM567	IV	7	无差异	无差异	无差异
RM337	II	8	无差异	无差异	无差异	RM289	IV	8	无差异	无差异	无差异
RM278	II	9	无差异	无差异	无差异	RM542	IV	9	无差异	无差异	无差异
RM258	II	10	无差异	无差异	无差异	RM316	IV	10	无差异	无差异	无差异
RM224	II	11	无差异	无差异	无差异	RM332	IV	11	无差异	无差异	无差异
RM17	II	12	无差异	无差异	无差异	RM7102	IV	12	无差异	无差异	无差异

3.3.3.2　空育131($Pi2$)的性状鉴定

（1）农艺性状鉴定

新品系空育131($Pi2$)-1、空育131($Pi2$)-2与对照空育131的主要农艺性状鉴定结果见表3-11，从表3-11可知，与对照空育131相比，空育131($Pi2$)-1和空育131($Pi2$)-2两个新品系生育期较对照空育131长，新品系在株高、穗数、穗长、穗总粒数、穗实粒数、结实率、千粒重、穗重及小区产量等农艺性状上与对照空育131不存在显著差异。这说明通过MAS技术，结合连续多代回交与自交培育的空育131($Pi2$)-1和空育131($Pi2$)-2新品系，在农艺性状方面与空育131基本无差异，新品系的遗传背景与受体亲本非常接近，即它们实际上已是近等基因系（除$Pi2$基因差异）。

表3-11　空育131与两个新品系的农艺性状比较

材料	生育期/天	株高/cm	穗数/（穗·株$^{-1}$）	穗长/cm	穗总粒数/（粒·穗$^{-1}$）
空育131($Pi2$)-1	130	80.53±2.72	15.90±1.74	13.49±1.11	80.67±2.08
空育131($Pi2$)-2	129	80.33±2.92	15.20±2.00	13.12±0.94	81.00±1.00
空育131	127	80.53±1.92	15.47±2.42	13.15±1.08	80.33±2.08

材料	穗实粒数/（粒·穗$^{-1}$）	结实率/%	千粒重/g	穗重/g	小区产量/（kg·m^{-2}）
空育131($Pi2$)-1	64.80±1.80	95.36±0.47	27.00±0.66	28.98±2.22	0.98±0.08
空育131($Pi2$)-2	66.4±4.09	94.05±2.05	26.98±0.77	28.39±3.62	0.90±0.01
空育131	60.97±1.76	95.09±0.74	26.52±0.07	27.13±3.89	0.82±0.18

（2）耐冷性鉴定

在水稻孕穗期按照水稻耐冷性鉴定方法，考察新品系的耐低温程度，结果（表3-12）表明，新品系及对照空育131经低温处理后结实率均有所下降，但新品系与对照空育131之间结实率差异不显著，且耐低温等级相同，均为1级。这表明新品系保留了空育131耐冷的优良特性。

表 3-12 空育 131 及新品系的耐冷性鉴定

材料	结实率/%	低温处理后的结实率/%	耐低温等级
空育 131($Pi2$)-1	95.36±0.47	88.30±1.99	1
空育 131($Pi2$)-2	94.05±2.05	88.63±2.38	1
空育 131	95.09±0.74	90.37±0.92	1

(3)品质性状鉴定

使用 SC-E 型种子大米外观品质检测仪,对两个新品系和对照空育 131 进行糙米品质性状检测,结果见表 3-13。从表 3-13 可知,两个新品系保持了空育 131 的透明度,其中精米率、整精米率略高于空育 131,垩白粒率与垩白度稍低于空育 131,其品质性状与对照相比,虽略有不同,但差异均不显著,说明空育 131 导入抗性基因 $Pi2$ 后仍保持了原来的品质性状。对比食用稻品种品质标准(NY/T 593—2021),新品系及空育 131 在垩白度、透明度、直链淀粉含量等指标上均达到二级标准,整精米率达一级标准,精米率及整精米率较高表明其加工品质较好。

表 3-13 空育 131 及新品系的品质性状鉴定

品质性状	空育 131 ($Pi2$)-1	空育 131 ($Pi2$)-2	空育 131
长/宽	1.73±0.04	1.73±0.03	1.74±0.00
精米率/%	74.1±2.41	74.8±1.68	73.6±3.07
整精米率/%	73.5±2.6	73.3±2.8	71.0±1.57
透明度/级	2	2	2
垩白粒率/%	13.44±0.61	14.16±1.29	14.63±0.67
垩白度/%	2.1±0.25	2.2±0.30	2.4±0.20
直链淀粉含量/%	17.13±0.25	17.21±0.24	17.29±0.04

3.3.3.3 空育 131($Pi2$)-1、空育 131($Pi2$)-2 的稻瘟病抗性鉴定

空育 131($Pi2$)-1、空育 131($Pi2$)-2、蒙古稻、供体亲本 BL6 和受体亲本空

育 131 的稻瘟病田间人工接种鉴定结果表明,蒙古稻发病达 4 级以上,表现感病,证明接种有效;受体亲本空育 131 发病为 4 级,表现感病;供体亲本 BL6 和新品系发病均为 1 级以下,表现为高度抗病,如表 3-14 所示。说明转入抗病基因 $Pi2$ 后,空育 131 的稻瘟病抗性得到了改良,由感病变为抗病。

表 3-14 稻瘟病抗性鉴定

材料	发病级别	抗性
蒙古稻	4.83±0.18	S
空育 131	0.42±0.19	S
BL6	4.17±0.35	R
空育 131($Pi2$)-1	0.41±0.23	R
空育 131($Pi2$)-2	0.46±0.33	R

注:S 为感病,R 为抗病," ＊ ＊"表示与亲本空育 131 比较差异显著($P<0.01$)。

本书利用 MAS 技术成功地将 BL6 中抗稻瘟病基因 $Pi2$ 导入水稻空育 131 核基因组中,赋予了空育 131 抗稻瘟病性状,同时保持该品种其他性状不变,得到了两个抗稻瘟病新品系,即空育 131($Pi2$)-1 和空育 131($Pi2$)-2,可在生产上推广种植。

3.4 讨论

3.4.1 利用 MAS 技术培育寒区水稻新品系空育 131($Pi2$)-1 和空育 131($Pi2$)-2

近年来,稻瘟病严重制约了黑龙江省水稻种植的高产、稳产发展。以往种植的抗病组合也由于种植时间过长及稻瘟病菌群发生结构变异形成了新的优势小种,由抗病到感病再到流行最终被淘汰。因此水稻生产上需要新的抗稻瘟病基因来抵抗新的稻瘟病优势生理小种。本书将广谱、高抗的 $Pi2$ 基因导入空育 131 中,培育水稻新品系空育 131($Pi2$)-1 和空育 131($Pi2$)-2。抗稻瘟病鉴定结果表明,供体亲本 BL6、水稻新品系空育 131($Pi2$)-1 和空育 131($Pi2$)-2 对黑龙江省水稻空育 131 菌群都具有较高的抗性。因此,利用抗病基因 $Pi2$ 培育北方抗稻瘟病水稻新品系是可行的。

采用 MAS 技术培育的空育 131($Pi2$)-1 和空育 131($Pi2$)-2 的 BC_1F_1 代阳性植株中获得了背景恢复率达 88.54% 的植株,而常规育种获得的 BC_2F_1 代植株背景恢复率仅为 87.50%。因此,将 MAS 技术应用于水稻新品系培育是必要的和可行的。

3.4.2 目的基因两侧交换选择的必要性

将水稻 BL6 中的目的基因 $Pi2$ 导入水稻品种空育 131 中,容易造成连锁累赘,使原有水稻品种空育 131 产生温光敏感、米质差等不良性状。然而在目的基因附近筛选出距离适宜的交换标记,在回交过程中选择在目的基因与交换标记之间发生遗传重组的个体进一步回交,便可以快速剔除连锁累赘。交换标记不同于背景标记,背景标记在育种过程中主要用来对遗传背景进行选择,要求筛选到均匀遍布整个基因组的标记;而交换标记是针对与目的基因连锁的一片区域,范围窄,密度大。同时交换标记还可以辅助前景选择,在目的基因只有单侧标记的情况下,检测目的基因另一侧的交换标记有助于判断前景选择的准确性。

本书利用目的基因 $Pi2$ 两侧的 SSR 标记,推断水稻新品系空育 131($Pi2$)-1 和空育 131($Pi2$)-2 第 6 号染色体的来源和组成,使该染色体除了目的基因以外的所有染色体区段都恢复成受体亲本空育 131 的基因型,减少或去除连锁累赘,保持原有粳稻品种空育 131 的优良性状。

3.5 小结

(1)在以空育 131 为寄主的稻瘟病病样上,分离得到 79 株稻瘟病菌单孢菌株。

(2)筛选到了培育水稻空育 131($Pi2$)的前景选择 SSR 标记 PI2-4,该标记距离目的基因 $Pi2$ 10 kb 并在供体亲本 BL6 和受体亲本空育 131 之间具有多态性。

(3)筛选到了位于目的基因 $Pi2$ 两侧,且在供体亲本 BL6 和受体亲本空育 131 之间均具有良好多态性的 SSR 标记 RM527 和 RM19960。该标记作为 $Pi2$ 两侧的交换标记。

(4)从 300 对 SSR 标记中,筛选到了可用于培育空育 131($Pi2$)的背景选择 SSR 标记 48 个。

(5)成功培育出农艺性状、产量、耐冷性及米质性状优良,与空育 131 无显著差异且背景恢复率达 100% 的水稻抗稻瘟病新品系空育 131($Pi2$)-1 和空育 131($Pi2$)-2。

(6)抗稻瘟病新品系空育 131($Pi2$)-1、空育 131($Pi2$)-2 与对照空育 131 在 48 个 SSR 标记检测位点差异数为 0,可以判定为"相同品种或极近似品种"。

参考文献

[1]文绍山,高必军. 利用分子标记辅助选择将抗稻瘟病基因 Pi-9(t)渗入水稻恢复系泸恢 17[J]. 分子植物育种,2012,10(1):42-47.

[2]刘士平,李信,汪朝阳,等. 利用分子标记辅助选择改良珍汕 97 的稻瘟病抗性[J]. 植物学报,2003,45(11):1346-1350.

[3]金素娟,柳武革,朱小源,等. 利用分子标记辅助选择改良温敏核不育系 GD-8S 的稻瘟病抗性[J]. 中国水稻科学,2007,21(6):599-604.

[4]FU C Y,WU T,LIU W G,et al. Genetic improvement of resistance to blast and bacterial blight of the elite maintainer line Rongfeng B in hybrid rice (*Oryza sativa* L.) by using marker-assisted selection[J]. African Journal of Biotechnology,2012,11(67):13104-13114.

[5]陈红旗,陈宗祥,倪深,等. 利用分子标记技术聚合 3 个稻瘟病基因改良金 23B 的稻瘟病抗性[J]. 中国水稻科学,2008,22(1):23-27.

[6]柳武革,王丰,金素娟,等. 利用分子标记辅助选择聚合 Pi-1 和 Pi-2 基因改良两系不育系稻瘟病抗性[J]. 作物学报,2008,34(7):1128-1136.

[7]GOUDA P K,SAIKUMAR S,VARMA C M,et al. Marker-assisted breeding of Pi-1 and Piz-5 genes imparting resistance to rice blast in PRR78,restorer line

of Pusa RH-10 Basmati rice hybrid[J]. Plant Breeding,2013,132(1):61-69.

[8]JIANG J,WANG S. Identification of a 118-kb DNA fragment containing the locus of blast resistance gene Pi-2(t) in rice[J]. Molecular Genetics and Genomics,2002,268(2):249-252.

[9]ZHOU B,DOLAN M,SAKAI H,et al. The genomic dynamics and evolutionary mechanism of the $Pi2/9$ locus in rice[J]. Molecular Plant-Microbe Interactions,2007,20(1):63-71.

4　抗稻瘟病水稻品系空育 131（*Pigm*）和空育 131（*d*12）的培育

4.1　相关研究

Pigm 基因最初来源于南方籼稻品种"谷梅 4 号"，位于水稻第 6 号染色体上。Deng 等人从全世界收集了 30 多个不同生理小种的稻瘟病菌株，在稻瘟病菌接种试验中，谷梅 4 号表现出其强大的抗性。它对其中的 29 个菌株表现为高抗甚至免疫。因此判断它具有广谱抗稻瘟病基因，分析表明其抗性比已知的抗稻瘟病基因 *Pi*1、*Pi*2、*Pi*3 的抗性更强。该基因被科学家定位在分子标记 C5483 和 C0428 之间。这两个标记间包含一个 NBS-LRR 类基因簇 5 个候选基因，与 *Pi*2、*Piz*、*Piz'* 和 *Pi*9 紧密连锁或等位，其中与 *Pi*9 所在基因簇的各基因同源率达到 95%~99%，无毒菌株为 CH109（ZC13）。

*d*12 基因最初来源于粳稻品种"武育粳 2 号"。在自然条件下对其进行稻瘟病菌接种试验，结果显示它是一种具有广谱抗性的基因。李一博等人在对武育粳 2 号进行动态分析，评估遗传因素和环境因素在抗稻瘟病中的影响时发现第 12 号染色体上的两个分子标记 RM277 和 RM309 之间有一个抗性主效基因 *d*12，并且发现在苗期、分蘖期和抽穗期 *d*12 对稻瘟病的抗性均有明显的影响。之后，包亮等人通过遗传分析，将 *d*12 进一步定位在第 12 号染色体的两个 SSR 标记 RM27792 和 RM28089 之间，*d*12 与这两个标记的距离分别为 2.0 cM 和 0.7 cM。其田间自然诱发稻瘟病的结果表明 *d*12 是广谱抗稻瘟病基因，其在分蘖期具有良好的抗叶瘟能力，但到抽穗期其抗性就会逐渐减弱。

本书通过 MAS 技术与传统直接接种方法相结合的手段,将南方籼稻品种抗 1 中广谱、高效的抗稻瘟病基因 *Pigm* 及粳稻品种 D12 中广谱、高效的抗稻瘟病基因 *d*12,分别导入空育 131 遗传背景中,赋予空育 131 新的抗稻瘟病能力,同时克服连锁累赘,培育寒区抗稻瘟病水稻品系空育 131(*Pigm*)和空育 131(*d*12)。

4.2 材料与方法

4.2.1 材料

4.2.1.1 植物材料

受体品种:空育 131。

供体品种:籼稻品种抗 1,其含有抗稻瘟病基因 *Pigm*。粳稻品种 D12,其含有抗稻瘟病基因 *d*12。

感病品种:蒙古稻。

4.2.1.2 稻瘟病菌来源

每年水稻成熟期采集黑龙江省建三江地区及海南地区自然栽培的感病空育 131 穗颈瘟病样,自然风干,阴凉处保存备用。

4.2.1.3 SSR 标记

(1)前景选择候选 SSR 标记

在 *Pigm* 基因附近选取 4 个 SSR 标记、在 *d*12 基因附近选取 3 个 SSR 标记,作为前景选择候选 SSR 标记(见表 4-1)。

表 4-1　抗稻瘟病基因 *Pigm* 和 *d*12 前景选择候选 SSR 标记

目的基因	SSR 标记	PCR 引物序列	
		正向	反向
Pigm	AP5930	CATGAAAGAAAGGAGTGCAG	ACAGAATTGACCAGCCAAG
	AP5659-5	CTCCTTCAGCTGCTCCTC	TGATGACTTCCAAACGGTAG
	AP5659-3	TCTTTCCTAGGGAACCAAAG	AAGTAGTTGCTGAGCCATTG
	AP5659-1	TGCTGAGATAGCCGAGAAATC	ACTAGCTGCCCACCTAAGC
*d*12	RM27792	GAAGAAGAGAGACTAGGGAGAAGACG	CTTGTACCAGCAATTCTCTGTCC
	RM28089	GGGAGGACACCTGTGTAAGTAGG	GGTTCAAATGAGACCCAATTCC
	RM28230	CATAGAACCAGCAGGCCACTCG	GCGGCCTAGGAGTATTTGTAGAAGC

（2）交换选择候选 SSR 标记

在 *Pigm*、*d*12 两侧及中间位置分别选取 5 个和 11 个 SSR 标记作为交换选择候选 SSR 标记(见表 4-2)。

表 4-2　抗稻瘟病基因 *Pigm* 和 *d*12 交换选择候选 SSR 标记

目的基因	SSR 标记	PCR 引物序列	
		正向	反向
Pigm	RM19778	GCGTGTTCAGAAATTAGGATACGG	GATCTCGCCACGTAATTGTTGC
	RM527	CGGTTTGTACGTAAGTAGCATCAGG	TCCAATGCCAACAGCTATACTCG
	RM19828	GCATACGGCTAGTACCGAGTAGG	CATCTTCACAGGAAAGTGATGC
	RM19887	TTCTGCATCAATTCCTCTCG	TGAGCCATTAAAGGAACACC
	RM19961	AATTCTTAGGGTCCGGATTACCG	GTAAACATGGGAAGTTGGGAACC
*d*12	RM27644	CGGCAGCGCTAGCATCATCG	GTCACACTGCACACGGCGTAGC
	RM27639	GTCCTAGGCCGTCTTCTTTGTCC	GTCCTAGGCCGTCTTCTTTGTCC
	RM27636	GCACAGTCTCCCAAACAACAGAGG	CGTTGCTCTTGTTCTTGTTTCTGTCG
	RM27638	AGATTCCCATCCGTTAGGAAAGC	GATGCACATGCACTTGTAGTTCC
	RM27640	ATGTGCATTCTCCTCTCATCTGC	ATGGCAGGAATAGCAACAATCC

续表

目的基因	SSR 标记	PCR 引物序列	
		正向	反向
	RM27632	GAAGAAGCAGACAAGGAGAAGG	ATGGATCAAGGAGAGGATGG
	RM27634	GGACATCGCTAAATCAAGAACC	AGTATGTGTCTTCCACTCTTCTCC
	RM27651	TGGAGTTGAGATCGACGTTGAGG	AGACCTTCCACGACGGCTTCC
	RM27652	TCCAAACCCACTGACCACTAAGC	CAATTGAACACGTACGCAGTGG
	RM27654	CGCGTACGTACTTCTTGGAATCG	ATGGGCGTCCTCTTCTTGTTGG
	RM28255	TGTTGGGCCTCTTTAGAGTTTGC	CCAACCTTCTATCCCAAACACACC

（3）背景选择候选 SSR 标记

选取基本均匀分布在水稻 12 条染色体上的 210 个 SSR 标记，作为背景选择候选 SSR 标记（见表4-3）。

表 4-3　背景选择候选 SSR 标记

染色体	名称	染色体	名称	染色体	名称	染色体	名称
1	RM10007	1	RM10953	2	RM6143	2	RM3594
1	RM10144	1	RM11005	2	RM110	2	RM5812
1	RM10232	1	RM11133	2	RM12497	2	RM13290
1	RM10322	1	RM11227	2	RM3865	2	RM3368
1	RM10435	1	RM11359	2	RM6641	2	RM3917
1	RM10567	1	RM11434	2	RM6247	2	RM13492
1	RM10643	1	RM11580	2	RM3828	2	RM3352
1	RM10787	1	RM6666	2	RM6853	2	RM3730
1	RM10843	1	RM11736	2	RM5791	2	RM1869

续表

染色体	名称	染色体	名称	染色体	名称	染色体	名称
3	RM60	4	RM1018	5	RM19207	7	RM7273
3	RM4853	4	RM317	6	RM6775	7	RM5543
3	RM6849	4	RM3276	6	RM8074	7	RM445
3	RM545	4	RM6255	6	RM225	7	RM432
3	RM1002	4	RM3466	6	RM19530	7	RM1973
3	RM157A	4	RM6246	6	RM253	7	RM21801
3	RM3434	4	RM7432	6	RM19631	7	RM21843
3	RM6929	4	RM7030	6	RM19710	7	RM21960
3	RM15003	4	RM3531	6	RM136	7	RM2715
3	RM15127	4	RM17708	6	RM3917	8	RM408
3	RM15219	5	RM1248	6	RM19842	8	RM22260
3	RM15349	5	RM5816	6	RM564	8	RM38
3	RM15487	5	RM17794	6	RM19948	8	RM2819
3	RM15595	5	RM3345	6	RM20000	8	RM22468
3	RM6053	5	RM592	6	RM20096	8	RM544
3	RM15745	5	RM7444	6	RM3207	8	RM7057
3	RM15810	5	RM3193	6	RM20249	8	RM22674
3	RM16222	5	RM18086	6	RM103	8	RM7267
4	RM7585	5	RM3917	7	RM4584	8	RM2366
4	RM16403	5	RM18200	7	RM6223	8	RM22886
4	RM3536	5	RM1242	7	RM5752	8	RM7027
4	RM3917	5	RM8039	7	RM8010	8	RM22981
4	RM3308	5	RM18909	7	RM8262	8	RM3153
4	RM1155	5	RM7446	7	RM1253	8	RM515
4	RM17079	5	RM6400	7	RM3583	8	RM23518
4	RM17177	5	RM19091	7	RM1122	8	RM477

续表

染色体	名称	染色体	名称	染色体	名称	染色体	名称
9	RM316	10	RM6404	11	RM2459	12	RM491
9	RM5799	10	RM7545	11	RM2848	12	RM7619
9	RM6433	10	RM8015	11	RM552	12	RM2935
9	RM3917	10	RM3311	11	RM3625	12	RM7195
9	RM3855	10	RM6142	11	RM26336	12	RM3824
9	RM3917	10	RM8201	11	RM536	12	RM3917
9	RM24176	10	RM25445	11	RM26472	12	RM6564
9	RM24234	10	RM5392	11	RM26553	12	RM1246
9	RM6771	10	RM258	11	RM7226	12	RM28362
9	RM24412	10	RM3510	11	RM26684	12	RM28445
9	RM7048	10	RM7300	11	RM287	12	RM6947
9	RM257	10	RM147	11	RM1355	12	RM6945
9	RM108	10	RM25857	11	RM3917	12	RM1296
9	RM3808	10	RM2824	11	RM26898	12	RM1227
9	RM2255	10	RM4771	11	RM6105	12	RM2197
9	RM24813	10	RM25935	11	RM6094	12	RM28828
9	RM1013	11	RM181	12	RM5367		
10	RM6370	11	RM4B	12	RM7315		

4.2.1.4　试剂

（1）75%乙醇：取 750 mL 95%乙醇，加水定容至 950 mL。

（2）0.1%升汞：称取 1 g $HgCl_2$ 溶解在 1 000 mL 蒸馏水中，搅拌，添加 1~2 滴 Tween20。

（3）50×MS 钙盐母液：将无水氯化钙 8.307 g 充分溶于 450 mL 蒸馏水中，加蒸馏水定容至 500 mL。

（4）100×MS 铁盐母液：称取 1.865 g Na_2-EDTA 溶于 400 mL 蒸馏水，加热至完全溶解，再加入 1.39 g $FeSO_4 \cdot 7H_2O$ 充分溶解，加蒸馏水定容至 500 mL。

(5)100×MS 微量元素母液：称取 1.115 g $MnSO_4 \cdot 4H_2O$、0.43 g $ZnSO_4 \cdot 7H_2O$、0.001 25 g $CuSO_4 \cdot 5H_2O$、0.001 25 g $CoCl_2 \cdot 6H_2O$、0.012 5 g $Na_2MoO_4 \cdot 2H_2O$、0.31 g H_3BO_3 和 0.041 5 g KI，溶于 450 mL 蒸馏水，加蒸馏水定容至 500 mL。

(6)200×MS 有机物母液：称取 0.2 g 甘氨酸、0.05 g 烟酸、0.01 g 维生素 B_1、0.05 g 维生素 B_6 和 10 g 肌醇，溶于蒸馏水中定容至 500 mL。

(7)10×MS 大量元素母液：称取 16.5 g NH_4NO_3、19 g KNO_3、3.7 g $MgSO_4 \cdot 7H_2O$、1.7 g KH_2PO_4 溶于 900 mL 蒸馏水，加蒸馏水定容至 1 000 mL。

(8)MS 培养基：向 800 mL 蒸馏水中加入 30 g 蔗糖、7.5 g 琼脂粉，加热溶解后，再加入 100 mL 10×MS 大量元素母液、20 mL 50×MS 钙盐母液、10 mL 100×MS 铁盐母液、10 mL 100×MS 微量元素母液、5 mL 200×MS 有机物母液、蒸馏水定容至 1 000 mL，pH 值调至 5.8，倒入试管中，高温高压灭菌。

(9)5 mol/L NaCl：称取 NaCl 29.22 g，加蒸馏水 80 mL 溶解，加水定容至 100 mL，高温高压灭菌。

(10)1 mol/L Tris-HCl (pH=8.0)：称取 Tris-Base 12.11 g，加蒸馏水溶解并定容至 100 mL，用浓盐酸调 pH 值至 8.0，高温高压灭菌。

(11)0.5 mol/L EDTA：称取 Na_2-EDTA 186.1 g，加蒸馏水 800 mL 溶解，再加 NaOH 固体约 20 g，调 pH 值至 8.0，定容至 1 000 mL，高温高压灭菌。

(12)DNA 抽提液：取 100 mL 1 mol/L Tris-HCl (pH=8.0)、40 mL 0.5 mol/L EDTA(pH=8.0)、20 g CTAB、81.2 g NaCl，加灭菌蒸馏水，定容至 1 000 mL。

(13)TE 缓冲液：取 10 mL 1 mol/L Tris-HCl (pH=8.0)、2 mL 0.5 mol/L EDTA(pH=8.0)，加蒸馏水定容至 1 000 mL。

(14)氯仿/乙醇/异戊醇：量取 84 mL 氯仿，再向氯仿中加入 15 mL 乙醇和 4 mL 异戊醇，搅拌至充分混匀。

(15)5×TBE：取 54 g Tris-Base、27.5 g 硼酸，溶于 800 mL 蒸馏水中，加入 20 mL 0.5 mol/L EDTA(pH=8.0)，搅拌混匀，定容至 1 000 mL。

(16)1×TBE：取 200 mL 5×TBE，加蒸馏水定容至 1 000 mL。

(17)40% 丙烯酰胺：取 190 g 丙烯酰胺、10 g 甲叉双丙烯酰胺，溶于 950 mL 蒸馏水中，加蒸馏水定容至 1 000 mL，贮存在棕色瓶中，4 ℃ 保存备用。

（18）10%过硫酸铵：称取 10 g 过硫酸铵，将其溶于 90 mL 蒸馏水中直至充分溶解。

（19）6%非变性聚丙烯酰胺凝胶：16 mL 蒸馏水，5 mL 5×TBE，3.75 mL 40%丙烯酰胺，250 μL 10%过硫酸铵，12 μL TEMED。

（20）0.1%AgNO$_3$ 溶液：称取 1 g AgNO$_3$ 溶解于 1 000 mL 蒸馏水中，摇晃直至溶解充分。

（21）NaOH-硼砂溶液：称取 15 g NaOH、0.19 g 硼砂，溶于 800 mL 蒸馏水中，定容至 1 000 mL。

4.2.2 试验方法

4.2.2.1 分子检测方法

（1）水稻 DNA 提取

本书采用简单、快速抽提法提取水稻基因组 DNA。具体方法如下：

①从供试水稻材料植株上，剪取 3～4 cm 长的幼嫩叶片，置于灭菌的 1.5 mL 离心管中，存放于冰盒中。

②将离心管中的嫩叶置于研钵中，先用研磨棒稍微研磨一下，然后加入 400 μL DNA 抽提液继续研磨，直到叶片被完全磨碎。

③加入 400 μL DNA 抽提液，研磨充分。

④吸取 600 μL 研磨液置于 1.5 mL 离心管中。

⑤将装有研磨液的离心管置于 56 ℃水浴锅中 30 min，其间上下颠倒研磨液数次，使 DNA 抽提液与叶片充分混合。

⑥向离心管加入 600 μL 氯仿/乙醇/异戊醇，置于摇床中摇动 30 min。

⑦12 000 r/min，离心 10 min。

⑧分别吸取两次 200 μL（共 400 μL）上清液于新的 1.5 mL 离心管中。

⑨向新的离心管中加入-20 ℃预冷的无水乙醇 800 μL，上下混匀离心管内的样品，-20 ℃放置 30 min（时间越长越好）。

⑩12 000 r/min 离心 10 min。

⑪将上清液倒掉，加入 400 μL 75%乙醇洗涤沉淀 DNA。

⑫12 000 r/min 离心 3 min。

⑬弃去 75%乙醇,室温稍稍晾干 DNA。

⑭加入 56 ℃预热的 TE 缓冲液 50 μL,使 DNA 充分溶解。

⑮将溶解的 DNA 于-20 ℃储存。

(2)PCR 检测

10 μL 扩增体系如下:

10×*Taq* Buffer(无 Mg^{2+})	1.0 μL
MgCl$_2$(25 mmol/L)	0.6 μL
dNTP 混合物(10 mmol/L)	0.2 μL
正向引物 SSR Marker(10 μmol/L)	0.5 μL
反向引物 SSR Marker(10 μmol/L)	0.5 μL
Taq DNA 聚合酶(5 U/μL)	0.1 μL
模板 DNA	1.0 μL
ddH$_2$O	6.1 μL
总体积	10.0 μL

反应程序:

94 ℃	2 min	
94 ℃	45 s	
53 ℃	45 s	35 个循环
72 ℃	45 s	
72 ℃	5 min	
4 ℃	保存	

(3)非变性聚丙烯酰胺凝胶电泳

利用 6%非变性聚丙烯酰胺凝胶进行电泳检测。

①洗涤玻璃板、间隔片、封口槽和梳子等。

②将两块玻璃板对齐,在两块玻璃板中间插入间隔片,然后将该玻璃板置于封口槽中,并用夹子固定于制胶板上。

③向封口槽中倒入 1% 溶解的琼脂糖凝胶,直至琼脂糖凝胶凝固完全,达到封口的作用。

④配制 6%非变性聚丙烯酰胺凝胶溶液,将其灌入两块玻璃板中间,直至达

到玻璃板顶端,然后立即插入梳子,排净两块玻璃板中间的气泡。

⑤水平放置胶板,使胶体凝固(凝胶时间随室温的差异而不同)。

⑥待非变性聚丙烯酰胺凝胶完全凝固,拔掉封口胶。

⑦向电泳槽中加入 1×TBE 缓冲液,将原封口处的气泡排净,然后将胶板固定于电泳槽上,小心地拔出梳子。

⑧向 PCR 产物中加入 6×上样缓冲液 2 μL,混匀。

⑨向每个加样孔中加入 1.8 μL 含有 2 μL 6×Loading Buffer 的 DNA 样品。

⑩点样完毕后,接通电泳仪,电压调至 120 V,定时 2.5 h。

⑪电泳完毕后,用钢尺小心地将两块玻璃板分开,在水中取下聚丙烯酰胺凝胶,清洗一下凝胶。

⑫向洗胶盆中加入 400 mL 0.1% AgNO$_3$ 置于摇床中,摇动 4~6 min。

⑬回收 AgNO$_3$,用蒸馏水冲洗凝胶 2~3 次。

⑭加入 400 mL NaOH-硼砂溶液和 1.6 mL 甲醛,混匀,置于摇床中,摇动 5~10 min,直至出现清晰的条带。

⑮倒掉固定液,用蒸馏水清洗凝胶 2~3 次,将其置于凝胶成像系统拍照。

(4)电泳结果分析

①亲本间多态性分析

分别提取供体亲本及受体亲本的 DNA 作为模板,并以引物进行 PCR 扩增,通过非变性聚丙烯酰胺凝胶电泳、染色、显影后,分析该引物是否在两个亲本之间具有多态性,筛选出有多态性的引物作为前景选择或背景选择的标记引物。

②前景选择与背景选择分析

前景选择是筛选具有与供体亲本相同条带的植株,也就是筛选 *Pigm* 和 *d*12 的阳性植株。而背景选择则是在入选的 *Pigm* 和 *d*12 阳性群体的基础上,选择与受体亲本背景恢复率高的个体。背景恢复率(%)= $(L+M)/2L$,其中 L 表示所有鉴定的分子标记数,M 表示恢复到轮回亲本的分子标记数。

4.2.2.2 稻瘟病抗性鉴定

(1)稻瘟病菌制备

①在超净工作台上将稻瘟病样品以穗颈处为中心,从两端剪成 6 cm 左右长的穗颈病样,用75%乙醇擦拭,再用 0.1%升汞浸泡 5~6 min,无菌水冲洗 2~

3 遍。

②培养皿内滤纸用含有 50 μg/mL 链霉素的无菌水浸泡。稻瘟病样品置于培养皿内滤纸上的牙签上,于培养箱内 25~28 ℃黑暗条件下培养 2~3 天,待样品表面产生深灰色孢子层。

③采用振落的方法将稻瘟病样品上的病菌分离到含有 50 μg/mL 链霉素的燕麦片番茄琼脂培养基上,封口后正置于 25~28 ℃黑暗培养箱中 2~3 天,待菌落长出,初长出的菌落有乳白色菌丝。

④从培养好的病菌中挑取单孢至新的含有 50 μg/mL 链霉素的燕麦片番茄琼脂培养基上,封口后置于 25~28 ℃培养箱内、黑暗条件下培养 5~6 天,至菌体遍布整个平板。

⑤用涂布棒蘸少许无菌水把稻瘟病菌菌丝轻轻涂平在培养基上,于超净工作台内吹干表面水分后,用 2 层纱布代替培养皿上盖覆盖培养皿,在 25 ℃、光照条件下诱发产生孢子。

⑥控制诱发产生孢子环境的湿度,使培养基经 3~5 天完全干燥。干燥后将平板置于阴凉处贮存待用。

⑦将培养好的单孢转到高粱培养基上,于 25~28 ℃黑暗培养箱中培养 1 个月左右,待完全干燥且长有菌落的高粱粒变黑后,-20 ℃保存。

(2)稻瘟病菌接种

本试验在水稻分蘖期,采用注射接种与喷雾接种相结合的方法。

①稻瘟病苗圃的设计:将待鉴定植株(包括亲本和各世代回交及自交后代阳性植株)分成 2 排种植,行距与间距均在 25 cm 左右,以保证植株的充分生长空间;在距离待鉴定植株 25 cm 处种植 3~5 圈蒙古稻,以利于稻瘟病诱发。

②自然条件选择:一般选在阴雨且气温在 28 ℃左右的天气,如果是晴天,要在下午 5 点之后无直射光时。接种前 4~5 天给水稻增施氮肥,保证一定的水层。

③孢子悬液的配制:将在干燥、阴凉处贮存的稻瘟病孢子培养皿用浸有蒸馏水的脱脂棉清洗。清洗下来的悬浊液用纱布过滤后放入盛有蒸馏水的烧杯中,经搅拌配制成孢子悬液,在 100 倍显微镜下观察其孢子浓度,平均每个视野 20~25 个,即每毫升大约 2×10^5 个孢子。再加入少量的 0.05%Tween20。孢子悬液一般现用现配。

④注射接种:使用注射器从叶鞘外侧注射,直至稻瘟病菌菌液从心叶冒出。每株水稻接种 3 个分蘖。

⑤喷雾接种:将孢子悬液装入干净的喷壶中对水稻叶片进行喷雾接种,叶片表面和背面都要喷洒。

(3)稻瘟病调查

注射接种稻瘟病菌 10～15 天后,感病对照品种蒙古稻高度发病说明接种成功,调查稻瘟病发病情况,如表 4-4 所示。抗性级别为 0～2 级为抗病,抗性级别达到 3 级及以上为感病。感病品种达到 3 级以上(不包括 3 级)为有效接种。调查时,每个分蘖从剑叶(包括剑叶)起往下数 3 片叶作为调查对象,并将最严重的叶作为该分蘖的病情指数,将每株 3 个分蘖病情指数的平均值作为该株水稻病情指数。

表 4-4　稻瘟病抗性分级标准

级别	症状	叶片病斑	抗性
0 级	叶片无病斑产生		R
1 级	叶片上有针尖状褐斑点产生,无坏死		R
2 级	叶片上有稍大的褐斑发生,直径约为 0.5 mm,无坏死		R
3 级	叶片上病斑扩展成椭圆形灰色小坏死斑,直径为 1～2 mm		S
4 级	叶片上产生典型病斑,椭圆形,直径为 5～6 mm,边缘褐色		S
5 级	病斑连成片,叶片枯死		S

4.2.2.3　育种技术路线

本书为利用 MAS 技术培育水稻空育 131(*Pigm*)和空育 131(*d*12),所采用的育种技术路线如图 4-1 所示。

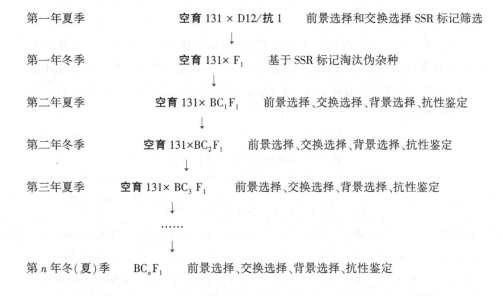

第一年夏季　　　　　　　**空育** 131 × D12╱**抗** 1　　　前景选择和交换选择 SSR 标记筛选

　　　　　　　　　　　　　　　↓

第一年冬季　　　　　　　**空育** 131× F_1　　基于 SSR 标记淘汰伪杂种

　　　　　　　　　　　　　　　↓

第二年夏季　　　　　　　**空育** 131× BC_1F_1　　前景选择、交换选择、背景选择、抗性鉴定

　　　　　　　　　　　　　　　↓

第二年冬季　　　　　　　**空育** 131×BC_2F_1　　前景选择、交换选择、背景选择、抗性鉴定

　　　　　　　　　　　　　　　↓

第三年夏季　　　　　　**空育** 131× BC_3F_1　　　前景选择、交换选择、背景选择、抗性鉴定

　　　　　　　　　　　　　　　↓

　　　　　　　　　　　　　……

　　　　　　　　　　　　　　　↓

第 *n* 年冬(夏)季　　　　BC_nF_1　　　前景选择、交换选择、背景选择、抗性鉴定

图 4-1　利用 MAS 技术培育空育 131(*d*12)和空育 131(*Pigm*)技术路线

4.3　结果与分析

4.3.1　稻瘟病菌分离及其致病力测试

4.3.1.1　稻瘟病菌分离

　　利用振落法,从多个在黑龙江省建三江地区和海南地区采集的水稻空育 131 稻瘟病样品上,分离获得 79 个单孢菌株,分别进行单孢培养,编号 B1 ~ B79。于高粱培养基中保存菌株,于−20 ℃贮存。

4.3.1.2　稻瘟病菌致病力测试

　　将培养好的稻瘟病菌制成孢子悬液,采用注射法分别接种于蒙古稻、空育

131、抗 1 和 D12,每个供试水稻材料接种 6 株,每株注射 3 个分蘖。调查稻瘟病病情,结果见表 4-5。由表 4-5 可知,本书分离得到的稻瘟病菌株对感病对照蒙古稻、受体品种空育 131 致病性强,对供体品种抗 1 和 D12 几乎无致病能力。这表明:水稻抗 1 和 D12 所含抗病基因 *Pigm* 和 *d*12 对空育 131 栽培地区稻瘟病具有高度抗性,可以作为抗稻瘟病基因供体,培育抗稻瘟病空育 131 品系;本书分离得到的稻瘟病菌株,适于培育空育 131(*Pigm*)和空育 131(*d*12)过程中抗性鉴定。

表 4-5　稻瘟病菌致病力测试结果

品种	抗病基因	感病级别						发病指数
		株 1	株 2	株 3	株 4	株 5	株 6	
蒙古稻	—	5	5	5	4	4	5	4.83±0.47
空育 131	—	4	5	4	4	5	5	4.67±0.50
抗 1	*Pigm*	0	1	0	0	1	1	0.50±0.50 * *
D12	*d*12	0	0	1	0	1	0	0.33±0.47 * *

注:数据以平均值 ± 标准差形式表示;与蒙古稻间进行差异显著性检验, * 为 $P>0.05$,差异不显著, * * 为 $P<0.01$,差异极显著。

4.3.2　空育 131(*Pigm*)和空育 131(*d*12)的 MAS 体系

4.3.2.1　前景选择和交换选择

(1)前景选择

以与 *Pigm* 连锁的 4 个 SSR 标记 AP55930、AP5659-5、AP5659-3 和 AP5659-1 作为前景选择候选 SSR 标记,进行多态性筛选。筛选结果显示 AP5659-5 在空育 131 和抗 1 中具有明显多态性且多态性稳定,如图 4-2,它与基因 *Pigm* 之间的物理距离为 0.05 Mb,可以视为共分离,因此确定 AP5659-5 用于前景选择。

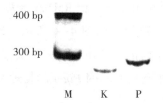

M—Marker；K—空育 131；P—抗 1

图 4-2　*Pigm* 前景选择 SSR 标记在抗 1 及空育 131 间的表型

以与 *d*12 连锁的 3 个 SSR 标记 RM27792、RM28089 和 RM28230 作为前景选择候选 SSR 标记,进行多态性筛选。筛选结果显示 RM27792 和 RM28230 在空育 131 和 D12 中都具有明显多态性且多态性稳定,如图 4-3,它们与基因 *d*12 之间的物理距离分别为 2.0 Mb 和 9.67 Mb,由于它们与 *d*12 基因距离均较远,不能视为共分离,因此确定 RM27792 和 RM28230 均用于培育空育 131(*d*12)的前景选择。

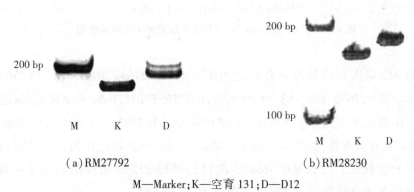

（a）RM27792　　　　　　　　　（b）RM28230

M—Marker；K—空育 131；D—D12

图 4-3　*d*12 前景选择 SSR 标记在 D12 及空育 131 间的表型

（2）交换选择

为了确保水稻新品系空育 131(*Pigm*)第 6 号染色体的遗传背景除了含有目的基因 *Pigm* 外,其他染色体区段都表现为空育 131 的基因型,利用 MAS 技术对目的基因 *Pigm* 两侧染色体交换情况进行鉴定选择,克服连锁累赘。在 *Pigm* 基因两侧对候选 SSR 标记 RM19778、RM527、RM19828、RM19887 和

RM19961 进行筛选。结果显示左侧标记 RM19778 和右侧标记 RM19961 在亲本抗 1 和空育 131 间均具有多态性,如图 4-4 所示。确定这两个 SSR 标记作为 *Pigm* 基因的交换选择 SSR 标记。已知 RM19778 距离目的基因 *Pigm* 的物理距离为 1.15 Mb,RM19961 距离目的基因 *Pigm* 的物理距离为 2.6 Mb。

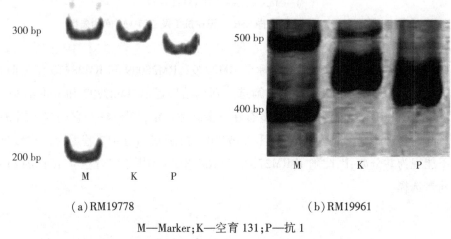

(a)RM19778　　　　　　　　　　(b)RM19961

M—Marker;K—空育 131;P—抗 1

图 4-4　交换选择 SSR 标记在抗 1 及空育 131 间的表型

对 *d*12 基因两侧候选 SSR 标记 RM27644、RM27639、RM27636、RM27638、RM27640、RM27632、RM27634、RM27651、RM27652、RM27654 和 RM28255 进行筛选。结果显示左侧标记 RM27654 和右侧标记 RM28255 在亲本 D12 和空育 131 间均具有多态性,如图 4-5 所示。确定这两个 SSR 标记作为 *d*12 基因的交换选择 SSR 标记。已知 RM27654 距离目的基因 *d*12 的物理距离为 4.9 Mb,RM28255 距离目的基因 *d*12 的物理距离为 10.04 Mb。

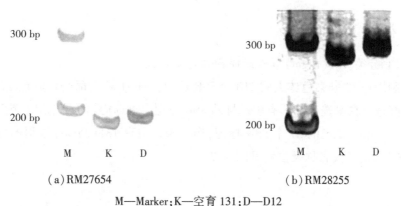

(a)RM27654 (b)RM28255

M—Marker;K—空育 131;D—D12

图 4-5 交换选择 SSR 标记在 D12 及空育 131 间的多态性

综合以上试验结果,得到用于目的基因 $Pigm$ 和 d12 前景选择及交换选择的 SSR 标记。这些 SSR 标记大致分布位置及与目的基因相对距离如图 4-6 所示。

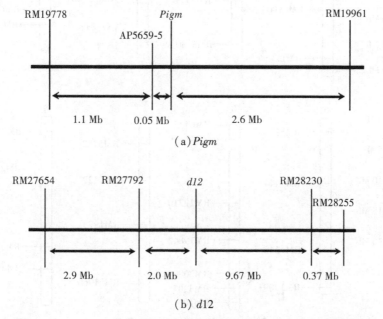

(a)$Pigm$

(b)d12

图 4-6 $Pigm$、d12 前景选择 SSR 标记及交换选择 SSR 标记遗传连锁图

4.3.2.2 背景选择

（1）空育 131（*Pigm*）背景选择 SSR 标记筛选

利用在 12 条染色体上的 210 个 SSR 标记，在抗 1 和空育 131 双亲间进行多态性筛选。在筛选得的具有多态性的 SSR 标记中挑选均匀分布在 12 条染色体上并且多态性稳定的 57 个 SSR 标记，作为培育空育 131（*Pigm*）过程的背景选择 SSR 标记。其名称及位置见图 4-7。

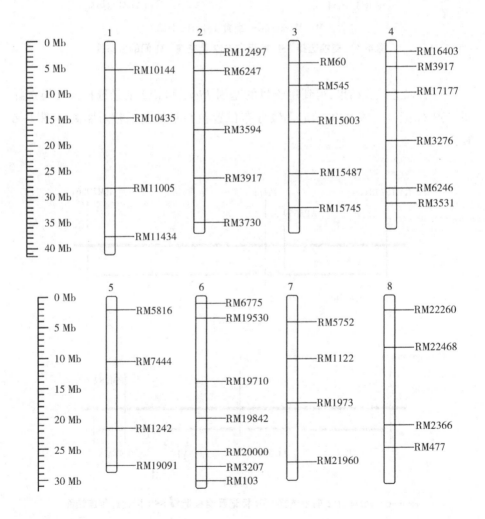

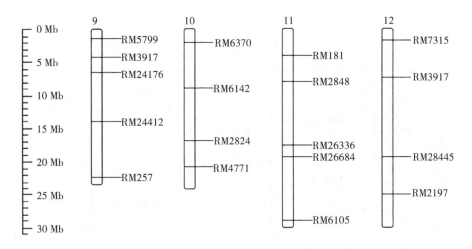

图 4-7　空育 131(*Pigm*)背景选择 SSR 标记遗传连锁图

（2）空育 131(*d*12)背景选择 SSR 标记筛选

利用在 12 条染色体上的 210 个 SSR 标记,在 D12 和空育 131 双亲间进行多态性筛选。在筛选得的具有多态性的 SSR 标记中挑选均匀分布在 12 条染色体上并且多态性稳定的 51 个 SSR 标记,作为培育空育 131(*d*12)过程中的背景选择 SSR 标记。其名称及位置见图 4-8。

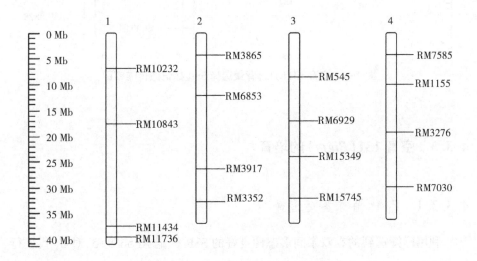

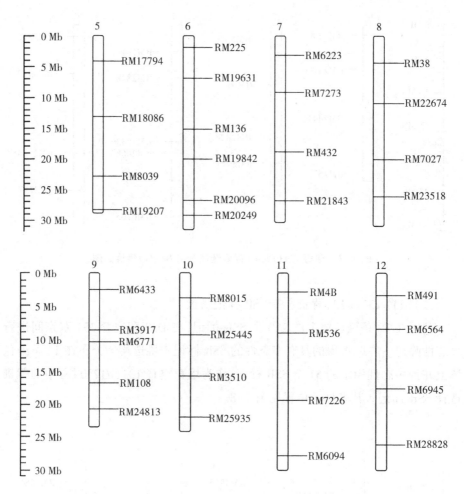

图 4-8　空育 131(*d*12) 背景选择 SSR 标记遗传连锁图

4.3.3　空育 131(*Pigm*) 的培育

4.3.3.1　F$_1$ 代植株鉴定选择

利用已筛选到的在双亲间多态性良好的 SSR 标记 AP5659-5,对 F$_1$ 代进行真伪杂种的鉴定。由图 4-9 可见,在 18 个 F$_1$ 代植株中,1 号、2 号、4 号、7 号、9

号、10 号、11 号、14 号、15 号及 16 号个体表现出双亲带型,即真杂种,重新编号
为 1~10 号,开展后续试验。其余植株均只表现出母本空育 131 的条带,说明均
为空育 131 自交后代,淘汰。

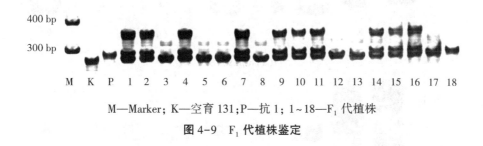

M—Marker; K—空育 131;P—抗 1; 1~18—F₁ 代植株

图 4-9　F₁ 代植株鉴定

4.3.3.2　BC₁F₁ 代植株鉴定选择

(1)前景选择

利用上述研究中筛选到的与目的基因 *Pigm* 紧密连锁的在双亲间多态性良
好的前景选择 SSR 标记 AP5659-5 对 BC₁F₁ 代植株进行前景选择,结果如图 4-
10 所示。1 号、2 号、4 号、6 号、8 号、9 号植株均表现出双亲带型,即为目的基因
阳性植株,说明其极可能含有目的基因 *Pigm*。其余植株均只表现出母本空育
131 的带型,即极可能不含有目的基因。因此,选择此 6 株 BC₁F₁ 代植株,重新
编号为 1~6 号用于后续试验。

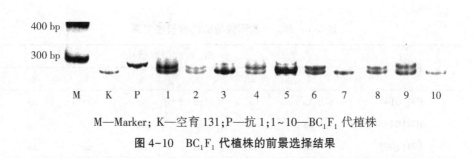

M—Marker; K—空育 131;P—抗 1;1~10—BC₁F₁ 代植株

图 4-10　BC₁F₁ 代植株的前景选择结果

(2)交换选择

利用目的基因 *Pigm* 两侧的交换标记 RM19778、RM19961,对入选的 6 株阳

性植株进行交换选择 SSR 标记筛选,结果如图 4-11 所示。1~6 号植株均未表现出空育 131 带型。说明在目的基因两侧交换标记相应位置均未发生交换。

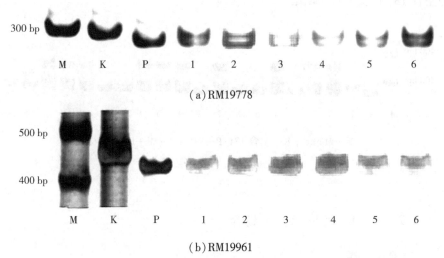

(a)RM19778

(b)RM19961

M—Marker; K—空育 131;P—抗 1; 1~6—BC_1F_1 代植株

图 4-11　BC_1F_1 代植株的交换选择结果

(3)背景选择

利用筛选到的背景选择 SSR 标记对入选植株进行背景恢复率的检测,结果如表 4-6 所示。1~6 号植株背景恢复率分别为 70.2%、71.9%、75.4%、73.7%、68.4%、77.2%,平均恢复率为 72.8%。

表 4-6　BC_1F_1 代阳性植株的背景恢复率

背景标记	BC_1F_1代阳性植株					
	1	2	3	4	5	6
RM10144	Aa	aa	aa	Aa	aa	aa
RM10435	aa	aa	aa	Aa	aa	aa
RM11005	aa	aa	aa	aa	aa	aa

续表

背景标记	BC$_1$F$_1$代阳性植株					
	1	2	3	4	5	6
RM11434	aa	aa	aa	Aa	aa	aa
RM12497	Aa	aa	Aa	Aa	aa	Aa
RM6247	aa	Aa	aa	aa	Aa	Aa
RM3594	aa	aa	aa	aa	aa	aa
RM3917	aa	aa	aa	aa	aa	aa
RM3730	aa	aa	Aa	aa	aa	aa
RM60	Aa	aa	aa	Aa	Aa	aa
RM545	aa	Aa	Aa	aa	aa	aa
RM15003	aa	aa	aa	Aa	aa	aa
RM15487	aa	aa	aa	aa	aa	aa
RM15745	Aa	Aa	aa	aa	Aa	Aa
RM16403	aa	aa	aa	aa	aa	aa
RM3917	aa	aa	aa	Aa	Aa	Aa
RM17177	aa	Aa	Aa	aa	Aa	aa
RM3276	Aa	aa	aa	aa	aa	aa
RM6246	aa	Aa	aa	Aa	Aa	aa
RM3531	aa	aa	aa	Aa	aa	aa
RM5816	Aa	aa	aa	aa	aa	Aa
RM7444	Aa	aa	Aa	aa	Aa	aa
RM1242	aa	aa	aa	aa	aa	aa
RM19091	aa	aa	aa	aa	aa	aa
RM6775	aa	Aa	aa	aa	aa	aa
RM19530	aa	aa	aa	aa	aa	aa
RM19710	Aa	Aa	aa	Aa	aa	Aa
RM19842	aa	Aa	aa	aa	Aa	aa
RM20000	Aa	aa	Aa	aa	aa	Aa
RM3207	aa	aa	aa	aa	aa	aa

续表

背景标记	BC$_1$F$_1$代阳性植株					
	1	2	3	4	5	6
RM103	aa	aa	aa	Aa	aa	aa
RM5752	aa	aa	aa	aa	aa	aa
RM1122	Aa	aa	aa	aa	Aa	Aa
RM1973	aa	aa	Aa	aa	aa	aa
RM21960	aa	aa	aa	Aa	aa	aa
RM22260	Aa	aa	aa	aa	aa	aa
RM22468	aa	aa	aa	aa	aa	aa
RM2366	aa	Aa	Aa	aa	Aa	Aa
RM477	aa	aa	aa	Aa	Aa	aa
RM5799	Aa	aa	aa	aa	aa	aa
RM3917	aa	Aa	Aa	aa	aa	Aa
RM24176	aa	aa	aa	Aa	aa	aa
RM24412	aa	aa	Aa	aa	Aa	aa
RM257	Aa	Aa	aa	aa	Aa	aa
RM6370	aa	aa	aa	aa	aa	aa
RM6142	Aa	Aa	Aa	aa	Aa	aa
RM2824	aa	aa	aa	Aa	aa	aa
RM4771	Aa	Aa	aa	aa	aa	aa
RM181	aa	aa	aa	Aa	Aa	Aa
RM2848	aa	Aa	Aa	Aa	aa	Aa
RM26336	Aa	aa	aa	aa	aa	aa
RM26684	Aa	Aa	aa	aa	Aa	aa
RM6105	aa	aa	Aa	aa	aa	aa
RM7315	aa	aa	Aa	aa	aa	Aa
RM3917	aa	Aa	aa	aa	aa	aa
RM28445	Aa	aa	aa	aa	Aa	aa
RM2197	aa	aa	aa	aa	Aa	aa

续表

背景标记	BC_1F_1 代阳性植株					
	1	2	3	4	5	6
背景恢复率/%	70.2	71.9	75.4	73.7	68.4	77.2

注:A 表示供体亲本抗 1 的基因型,a 表示轮回亲本空育 131 的基因型。

（4）抗性鉴定

对蒙古稻、受体亲本空育 131、供体亲本抗 1 及空育 131($Pigm$)的 BC_1F_1 代前景选择入选的阳性植株进行人工针刺接种抗稻瘟病抗性鉴定,结果见表 4-7。由表 4-8 可见,各入选阳性植株均表现出较高的抗病能力。稻瘟病抗性鉴定结果与 MAS 选择结果一致。

表 4-7 稻瘟病抗性鉴定

品种名称	感病植株数						发病指数
	0 级	1 级	2 级	3 级	4 级	5 级	
蒙古稻	0	0	0	2	5	5	4.25±0.72
空育 131	0	0	1	4	5	2	3.42±0.85
抗 1	6	3	2	1	0	0	0.83±0.99＊＊
1 号	5	4	1	1	1	0	1.08±1.46＊＊
2 号	9	1	1	1	0	0	0.50±0.96＊＊
3 号	7	1	2	1	1	0	1.00±1.35＊＊
4 号	10	1	1	0	0	0	0.25±0.60＊＊
5 号	4	6	2	0	0	0	0.83±0.69＊＊
6 号	5	6	1	0	0	0	0.58±0.62＊＊

注:数据以平均值 ± 标准差形式表示;与蒙古稻间进行差异显著性检验,＊表示 $P>0.05$,差异不显著,＊＊表示 $P<0.01$,差异极显著。

4.3.3.3　BC_2F_1 代植株鉴定选择

（1）前景选择

利用前景选择 SSR 标记 AP5659-5 对 BC_2F_1 代植株进行前景选择，结果见图 4-12。1 号、2 号、3 号、4 号、7 号、8 号植株均表现出双亲带型，即为前景选择阳性植株，其极有可能含有目的基因 *Pigm*。其余植株均只表现出受体亲本空育 131 的带型，其极有可能不含有目的基因。最终得到 *Pigm* 前景选择阳性植株 6 株，重新编号为 1~6 号，用于后续育种工作。

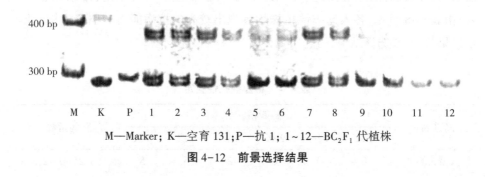

M—Marker；K—空育 131；P—抗 1；1~12—BC_2F_1 代植株

图 4-12　前景选择结果

（2）交换选择

利用抗病基因 *Pigm* 两侧的交换标记 RM19778、RM19961，对入选的 6 株阳性植株进行交换选择，结果如图 4-13 所示。图 4-13 显示，左侧 SSR 标记 RM19961 处 1~6 号植株均未表现出空育 131 的带型，说明在该位置未发生交换。右侧 SSR 标记 RM19961 处 4 号植株发生了单交换，其余阳性植株在该位置未发生交换。

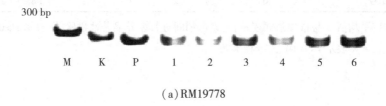

（a）RM19778

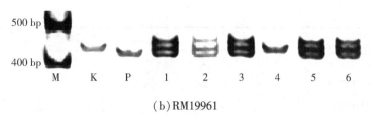

（b）RM19961

M—Marker；K—空育 131；P—抗 1；1~6—BC$_2$F$_1$ 代植株

图 4-13　交换选择结果

（3）背景选择

利用筛选到的背景选择 SSR 标记对入选阳性植株进行背景恢复率的检测，结果可见表 4-8。背景恢复率最高的是 5 号植株，最低的是 4 号植株，6 株目的基因阳性植株平均背景恢复率为 83.6%。

表 4-8　BC$_2$F$_1$ 代入选阳性植株的背景恢复率

背景标记	BC$_2$F$_1$ 代入选阳性植株					
	1	2	3	4	5	6
RM10144	Aa	aa	aa	aa	aa	Aa
RM10435	aa	aa	aa	Aa	Aa	aa
RM11005	aa	Aa	aa	aa	aa	aa
RM11434	aa	aa	aa	Aa	aa	aa
RM12497	aa	aa	Aa	aa	aa	aa
RM6247	aa	aa	aa	aa	aa	aa
RM3594	aa	aa	aa	aa	aa	aa
RM3917	aa	Aa	aa	aa	aa	Aa
RM3730	Aa	aa	aa	aa	Aa	aa
RM60	aa	aa	aa	aa	aa	aa
RM545	aa	aa	aa	aa	aa	aa
RM15003	aa	aa	aa	Aa	aa	aa
RM15487	aa	Aa	Aa	aa	aa	aa

续表

背景标记	BC$_2$F$_1$ 代入选阳性植株					
	1	2	3	4	5	6
RM15745	aa	aa	aa	aa	aa	aa
RM16403	aa	Aa	aa	aa	aa	aa
RM3917	Aa	aa	aa	aa	aa	aa
RM17177	aa	aa	aa	aa	Aa	aa
RM3276	aa	aa	Aa	aa	aa	aa
RM6246	aa	aa	aa	Aa	aa	aa
RM3531	aa	aa	aa	aa	aa	aa
RM5816	Aa	aa	aa	Aa	aa	aa
RM7444	aa	Aa	aa	aa	Aa	Aa
RM1242	aa	aa	Aa	aa	aa	aa
RM19091	aa	aa	aa	aa	aa	aa
RM6775	aa	aa	aa	Aa	aa	aa
RM19530	Aa	Aa	aa	aa	aa	aa
RM19710	aa	aa	aa	aa	aa	aa
RM19842	aa	aa	aa	aa	aa	Aa
RM20000	aa	aa	aa	aa	aa	aa
RM3207	aa	aa	Aa	aa	Aa	aa
RM103	Aa	aa	Aa	aa	aa	aa
RM5752	Aa	aa	aa	Aa	aa	aa
RM1122	aa	aa	aa	aa	aa	aa
RM1973	aa	Aa	aa	aa	aa	Aa
RM21960	aa	aa	aa	aa	aa	aa
RM22260	aa	aa	aa	aa	aa	aa
RM22468	aa	aa	aa	aa	aa	aa
RM2366	aa	aa	aa	aa	aa	aa
RM477	aa	aa	aa	Aa	aa	Aa
RM5799	Aa	aa	aa	Aa	aa	aa

续表

背景标记	BC$_2$F$_1$ 代入选阳性植株					
	1	2	3	4	5	6
RM3917	aa	aa	aa	aa	aa	aa
RM24176	aa	aa	Aa	aa	aa	aa
RM24412	aa	aa	aa	aa	Aa	aa
RM257	aa	Aa	aa	aa	aa	aa
RM6370	Aa	Aa	aa	aa	aa	Aa
RM6142	aa	aa	aa	aa	aa	aa
RM2824	aa	aa	aa	aa	aa	aa
RM4771	aa	aa	aa	aa	aa	aa
RM181	aa	aa	aa	aa	aa	aa
RM2848	aa	aa	aa	aa	aa	aa
RM26336	Aa	aa	aa	Aa	aa	aa
RM26684	aa	aa	Aa	aa	aa	aa
RM6105	aa	aa	aa	aa	aa	Aa
RM7315	aa	Aa	aa	aa	Aa	aa
RM3917	Aa	aa	aa	Aa	aa	aa
RM28445	aa	aa	aa	aa	aa	aa
RM2197	aa	aa	aa	Aa	Aa	aa
背景恢复率/%	80.7	82.5	86.0	78.9	87.7	86.0

注:A 表示供体亲本抗1的基因型,a 表示轮回亲本空育131的基因型。

(4)稻瘟病抗性鉴定

对蒙古稻、受体亲本空育131、供体亲本抗1及空育131(*Pigm*)的 BC$_2$F$_1$ 代前景选择入选的阳性植株进行稻瘟病抗性鉴定,结果见表4-9。各入选阳性植株均表现出极高的抗病能力,稻瘟病抗性检测结果与 MAS 技术选择结果一致。

表 4-9　稻瘟病抗性鉴定

品种名称	感病植株/个						发病指数
	0 级	1 级	2 级	3 级	4 级	5 级	
蒙古稻	0	0	0	2	6	4	4.17±0.69
空育 131	0	1	1	3	5	2	3.50±1.12
抗 1	8	3	1	0	0	0	0.42±0.64＊＊
1 号	6	4	1	1	0	0	0.75±0.92＊＊
2 号	7	3	1	1	0	0	0.67±0.94＊＊
3 号	4	7	1	0	0	0	0.75±0.60＊＊
4 号	2	3	2	5	0	0	1.83±1.14＊＊
5 号	6	2	3	1	0	0	0.92±1.04＊＊
6 号	2	3	6	1	0	0	1.50±0.87＊＊

注:数据以平均值±标准差形式表示;与蒙古稻间进行差异显著性检验,＊表示 $P>0.05$,差异不显著,＊＊表示 $P<0.01$,差异极显著。

4.3.3.4　BC_3F_1 代植株鉴定选择

(1)前景选择

利用上述研究中筛选到的与目的基因 *Pigm* 紧密连锁的、在双亲中多态性良好的前景选择 SSR 标记 AP5659-5 对 BC_3F_1 代植株进行前景选择,结果如图 4-14 所示。1 号、2 号、3 号、6 号、8 号植株均表现出双亲的带型,即为目的基因阳性植株,说明其极有可能含有目的基因 *Pigm*。其余植株均只表现出空育 131 的带型,即其极有可能不含有目的基因。因此,得到 BC_3F_1 代 5 株阳性植株,重新编号为 1~5 号,用于后续育种工作。

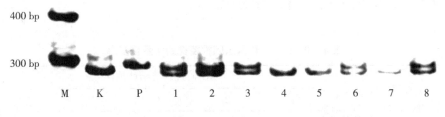

M—Marker；K—空育 131；P—抗 1；1~8—BC$_3$F$_1$ 代部分植株

图 4-14　前景选择结果

（2）交换选择

利用抗病基因 *Pigm* 两侧的交换标记 RM19778、RM19961，对入选的 5 株阳性植株进行交换选择，结果如图 4-15 所示。左侧 SSR 标记 RM19961 处 1~5 号植株均未表现出空育 131 的带型，说明在该位置未发生交换。右侧 SSR 标记 RM19961 处 2 号、4 号植株发生了单交换，其余阳性植株在该位置未发生交换。

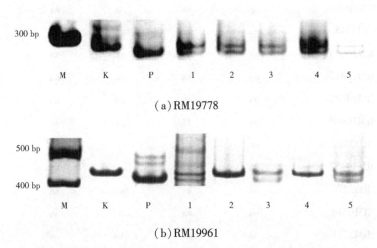

（a）RM19778

（b）RM19961

M—Marker；K—空育 131；P—抗 1；1~5—BC$_3$F$_1$ 代阳性植株

图 4-15　交换选择结果

（3）背景选择

利用筛选到的背景选择 SSR 标记对入选阳性植株进行背景恢复率的检测，结果如表 4-10 所示。1~5 号阳性植株背景恢复率分别为 89.5%、91.2%、

93.0%、94.7%、93.0%，平均恢复率为92.2%。

表 4-10 BC_3F_1 代入选阳性植株的背景恢复率

背景标记	BC_3F_1代入选阳性植株				
	1	2	3	4	5
RM10144	aa	aa	aa	aa	aa
RM10435	aa	aa	aa	aa	aa
RM11005	aa	aa	aa	aa	aa
RM11434	Aa	aa	Aa	aa	Aa
RM12497	aa	Aa	aa	aa	aa
RM6247	aa	aa	aa	aa	aa
RM3594	aa	aa	aa	aa	aa
RM3917	aa	aa	aa	aa	aa
RM3730	Aa	aa	aa	Aa	aa
RM60	aa	aa	aa	aa	aa
RM545	aa	aa	aa	aa	aa
RM15003	aa	aa	aa	aa	aa
RM15487	aa	Aa	aa	aa	aa
RM15745	aa	aa	aa	aa	aa
RM16403	aa	aa	aa	aa	aa
RM3917	aa	aa	aa	aa	aa
RM17177	aa	aa	aa	aa	aa
RM3276	aa	aa	aa	aa	Aa
RM6246	aa	aa	aa	aa	aa
RM3531	Aa	aa	Aa	aa	aa
RM5816	aa	aa	aa	aa	aa
RM7444	aa	aa	aa	aa	aa
RM1242	aa	aa	aa	aa	aa
RM19091	aa	aa	aa	aa	aa

续表

背景标记	BC$_3$F$_1$代入选阳性植株				
	1	2	3	4	5
RM6775	aa	aa	aa	aa	aa
RM19530	aa	aa	aa	aa	aa
RM19710	aa	Aa	aa	Aa	aa
RM19842	aa	aa	aa	aa	aa
RM20000	aa	aa	aa	aa	aa
RM3207	aa	Aa	aa	aa	aa
RM103	Aa	aa	aa	aa	aa
RM5752	aa	aa	Aa	aa	aa
RM1122	aa	aa	aa	aa	aa
RM1973	aa	Aa	aa	aa	aa
RM21960	aa	aa	aa	aa	aa
RM22260	aa	aa	aa	aa	aa
RM22468	aa	aa	aa	aa	aa
RM2366	aa	aa	aa	aa	aa
RM477	aa	aa	aa	aa	aa
RM5799	Aa	aa	aa	aa	aa
RM3917	aa	aa	aa	aa	aa
RM24176	aa	aa	aa	aa	aa
RM24412	aa	aa	aa	aa	aa
RM257	aa	aa	aa	aa	Aa
RM6370	aa	aa	aa	aa	aa
RM6142	aa	aa	aa	aa	aa
RM2824	aa	aa	aa	aa	aa
RM4771	aa	aa	aa	aa	aa
RM181	aa	aa	aa	Aa	aa
RM2848	aa	aa	aa	aa	aa
RM26336	aa	aa	aa	aa	aa

续表

背景标记	BC₃F₁代入选阳性植株				
	1	2	3	4	5
RM26684	aa	aa	aa	aa	Aa
RM6105	aa	aa	Aa	aa	aa
RM7315	aa	aa	aa	aa	aa
RM3917	aa	aa	aa	aa	aa
RM28445	Aa	aa	aa	aa	aa
RM2197	aa	aa	aa	aa	aa
背景恢复率/%	89.5	91.2	93.0	94.7	93.0

注:A 表示供体亲本抗 1 的基因型,a 表示轮回亲本空育 131 的基因型。

(4)稻瘟病抗性鉴定

对蒙古稻、受体亲本空育 131、供体亲本抗 1 及空育 131($Pigm$)的 BC₃F₁ 代前景选择入选的阳性植株进行稻瘟病抗性鉴定,结果见表 4-11。各入选阳性植株均表现出较高的抗病能力。稻瘟病抗性检测结果与 MAS 技术选择结果一致。

表 4-11 稻瘟病抗性鉴定

品种名称	感病植株/个						发病指数
	0 级	1 级	2 级	3 级	4 级	5 级	
蒙古稻	0	0	0	2	7	3	4.08±0.64
空育 131	0	1	0	4	5	2	3.58±1.04
抗 1	6	2	2	2	0	0	1.00±1.15 * *
1 号	5	4	1	1	1	0	1.08±1.26 * *
2 号	6	0	4	2	0	0	1.17±1.21 * *
3 号	7	1	2	2	0	0	0.92±1.19 * *
4 号	10	1	0	1	0	0	0.33±0.85 * *
5 号	5	6	1	0	0	0	0.67±0.62 * *

注:数据以平均值± 标准差形式表示;与蒙古稻间进行差异显著性检验,* 表示 $P>0.05$,差异不显著,* * 表示 $P<0.01$,差异极显著。

4.3.3.5 BC$_4$F$_1$~BC$_8$F$_1$ 代植株选择

对水稻空育 131(*Pigm*)的 BC$_4$F$_1$、BC$_5$F$_1$、BC$_6$F$_1$、BC$_7$F$_1$ 和 BC$_8$F$_1$ 代植株进行鉴定,结果见表 4-12。

表 4-12　水稻空育 131(*Pigm*)的 BC$_4$F$_1$~BC$_8$F$_1$ 代植株选择

世代	前景选择		RM19778		RM19961		背景恢复率		接种后入选植株/株
	杂种/株	*Pigm*阳性/株	检测/株	交换/株	检测/株	交换/株	最低/%	最高/%	
BC$_4$F$_1$	16	10	9	0	9	6	90.10	100.00	6
BC$_5$F$_1$	16	10	10	0	10	10	94.10	100.00	5
BC$_6$F$_1$	15	8	8	0	—		96.10	100.00	4
BC$_7$F$_1$	29	8	8	0	—		98.00	100.00	4
BC$_8$F$_1$	25	8	8	0	—		98.00	100.00	3

由表 4-13 可见,各个回交世代按照前景选择 *Pigm* 阳性、左侧及右侧发生交换、稻瘟病接种鉴定表现抗性及背景恢复率表现高的原则进行选择,其中 16 株 BC$_4$F$_1$植株经前景选择得到 10 株杂合阳性植株,选择 9 株生长健壮的水稻进行交换选择,结果发现左侧未发生交换,发生右侧交换 6 株,背景恢复率达到 90.10%~100.00%的植株 6 株;BC$_5$F$_1$ 中入选 5 株含有 *Pigm* 基因的左侧未交换、右侧发生交换、背景恢复率达到 94.10%~100.00%的植株。在 BC$_6$F$_1$ 代未发现发生交换的植株,通过 MAS 技术及接种鉴定,选择出 4 株含 *Pigm* 的植株,在 BC$_7$F$_1$ 代植株中仍然未发现交换的植株,入选的植株选择了 4 株,BC$_7$F$_1$ 代植株与轮回亲本杂交获得 BC$_8$F$_1$ 代,选择了 3 株水稻,这 3 株水稻 *Pigm* 阳性、抗稻瘟病,1 株背景恢复率为 98.00%,另 2 株背景恢复率为 100.00%。

4.3.4 空育131(*d*12)的培育

4.3.4.1 F₁代植株鉴定选择

利用已筛选到的在双亲间多态性良好的SSR标记,对F₁代以RM27792[图4-16(a)]和RM28230[见图4-16(b)]标记进行真伪杂种的鉴定。在17个F₁代植株中,4号、7号、8号、11号、12号、13号、14号及15号个体表现出双亲条带,即真杂种。其余植株均只表现出母本空育131的条带,说明均为空育131自交后代。因此,F₁代选择8株阳性植株,用于后续育种工作。

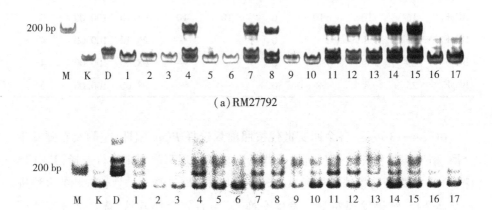

(a) RM27792

(b) RM28230

M—Marker; K—空育131;D—D12; 1~17—F₁代植株

图4-16 F₁代植株鉴定

4.3.4.2 BC₁F₁代植株鉴定选择

(1)前景选择

利用筛选到的与目的基因*d*12紧密连锁的在双亲中多态性良好的前景选择SSR标记RM27792和RM28230对BC₁F₁代植株进行前景选择,结果如图4-17所示。2号、3号、4号、5号、7号、8号植株均表现出双亲带型,即为目的基因阳性植株,说明其极有可能含有目的基因 *d*12。其余植株均只表现出母本空育 131 的带型,即其极有可能不含有目的基因。因此,选择这 6 株 *d*12 前景选择阳性植株,对其重新编号为 1~6 号,用于后续育种工作。

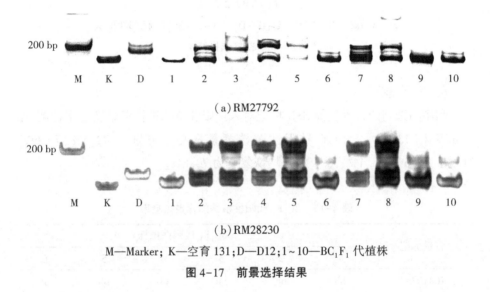

（a）RM27792

（b）RM28230

M—Marker; K—空育 131;D—D12;1~10—BC₁F₁ 代植株

图 4-17　前景选择结果

（2）交换选择

利用目的基因 *d*12 两侧的交换标记 RM27654(左)、RM28255(右),对入选的 6 株阳性植株进行交换选择,结果如图 4-18 所示。左侧标记 RM27654 处 5 号植株发生单交换,其余植株均未发生交换。

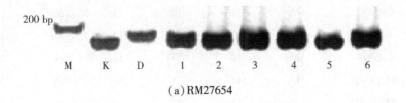

（a）RM27654

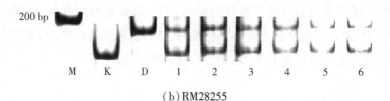

(b) RM28255

M—Marker；K—空育 131；D—D12；1~6—BC$_1$F$_1$ 代阳性植株

图 4-18　交换选择结果

(3) 背景选择

利用筛选到的背景选择 SSR 标记对入选阳性植株进行背景恢复率检测,结果如表 4-13 所示。1~6 号阳性植株背景恢复率分别为 72.5%、70.6%、74.5%、70.6%、76.4%、78.4%,平均恢复率为 73.8%。

表 4-13　BC$_1$F$_1$ 代阳性植株的背景恢复率

背景标记	BC$_1$F$_1$ 代阳性植株					
	1	2	3	4	5	6
RM10232	bb	bb	bb	bb	bb	Bb
RM10843	Bb	bb	bb	bb	bb	bb
RM11434	bb	bb	bb	Bb	Bb	Bb
RM11736	bb	bb	Bb	bb	bb	bb
RM3865	Bb	Bb	bb	bb	bb	bb
RM6853	bb	bb	bb	Bb	bb	bb
RM3917	bb	bb	bb	bb	bb	Bb
RM3352	bb	bb	Bb	bb	bb	bb
RM545	Bb	Bb	bb	Bb	Bb	bb
RM6929	Bb	bb	bb	bb	bb	bb
RM15349	bb	bb	bb	Bb	bb	bb
RM15745	bb	bb	Bb	bb	bb	bb
RM7585	bb	Bb	bb	bb	Bb	bb
RM1155	Bb	bb	Bb	bb	bb	Bb

续表

背景标记	BC$_1$F$_1$ 代阳性植株					
	1	2	3	4	5	6
RM3276	bb	bb	bb	bb	bb	bb
RM7030	bb	bb	bb	bb	bb	bb
RM17794	bb	Bb	bb	bb	bb	Bb
RM18086	bb	bb	Bb	Bb	Bb	bb
RM8039	Bb	bb	bb	bb	bb	bb
RM19207	bb	Bb	bb	Bb	bb	bb
RM225	Bb	bb	bb	bb	bb	bb
RM19631	bb	bb	Bb	bb	bb	bb
RM136	bb	Bb	bb	bb	Bb	bb
RM19842	bb	bb	bb	Bb	Bb	bb
RM20096	bb	bb	bb	bb	bb	bb
RM20249	bb	bb	bb	bb	bb	Bb
RM6223	bb	Bb	bb	Bb	bb	bb
RM7273	Bb	bb	Bb	Bb	Bb	Bb
RM432	bb	bb	bb	bb	bb	bb
RM21843	bb	bb	bb	bb	bb	bb
RM38	bb	Bb	bb	bb	bb	bb
RM22674	bb	bb	Bb	bb	bb	bb
RM7027	Bb	bb	bb	Bb	bb	bb
RM23518	bb	Bb	bb	bb	Bb	Bb
RM6433	Bb	bb	Bb	Bb	bb	bb
RM3917	bb	bb	bb	bb	bb	bb
RM6771	bb	Bb	bb	bb	bb	bb
RM108	bb	bb	bb	bb	Bb	Bb
RM24813	Bb	bb	Bb	Bb	bb	bb
RM8015	bb	Bb	bb	bb	bb	bb
RM25445	bb	bb	bb	bb	bb	bb

续表

背景标记	BC$_1$F$_1$ 代阳性植株					
	1	2	3	4	5	6
RM3510	Bb	Bb	bb	Bb	bb	bb
RM25935	Bb	bb	bb	bb	bb	bb
RM4B	bb	bb	Bb	bb	bb	Bb
RM536	bb	bb	bb	bb	Bb	bb
RM7226	Bb	Bb	bb	Bb	bb	bb
RM6094	bb	bb	Bb	bb	bb	bb
RM491	bb	bb	Bb	bb	Bb	Bb
RM6564	bb	Bb	bb	bb	bb	bb
RM6945	bb	Bb	bb	bb	Bb	Bb
RM28828	Bb	bb	bb	Bb	bb	bb
背景恢复率/%	72.5	70.6	74.5	70.6	76.4	78.4

注:B 表示供体亲本 D12 的基因型,b 表示轮回亲本空育 131 的基因型。

(4)抗性鉴定

对蒙古稻、受体亲本空育 131、供体亲本 D12 及空育 131(d12)的 BC$_1$F$_1$ 代入选阳性植株进行稻瘟病抗性鉴定,结果见表 4-14。各入选阳性植株均表现出较高的抗病能力。稻瘟病抗性检测结果与 MAS 技术选择结果一致。

表 4-14　稻瘟病抗性鉴定

品种名称	感病植株/个						发病指数
	0 级	1 级	2 级	3 级	4 级	5 级	
蒙古稻	0	0	0	1	10	1	4.00±0.41
空育 131	0	0	1	4	4	3	3.75±0.92
D12	3	7	1	1	0	0	1.00±0.82＊＊
1 号	6	3	2	1	0	0	0.83±0.99＊＊
2 号	8	2	1	1	0	0	0.58±0.95＊＊
3 号	5	4	1	1	1	0	1.08±1.26＊＊
4 号	1	10	1	0	0	0	0.92±0.41＊＊

续表

品种名称	感病植株/个						发病指数
	0级	1级	2级	3级	4级	5级	
5号	2	7	2	1	0	0	1.17±0.80＊＊
6号	3	4	3	2	0	0	1.33±1.03＊＊

注:数据以平均值±标准差形式表示;与蒙古稻间进行差异显著性检验,＊表示 *P*>0.05,差异不显著,＊＊表示 *P*<0.01,差异极显著。

4.3.4.3　BC$_2$F$_1$ 代植株鉴定选择

（1）前景选择

利用前景选择 SSR 标记 RM27792 和 RM28230 对 BC$_2$F$_1$ 代植株进行前景选择,结果见图 4-19。2 号、3 号、5 号、7 号、8 号、10 号植株均表现出双亲带型,即为前景选择阳性植株,其极有可能含有目的基因 *d*12。其余植株只表现出受体亲本空育 131 的带型,即其极有可能不含有目的基因。最终得到 *d*12 前景选择阳性植株 6 株,并重新编号为 1~6 号,用于后续育种工作。

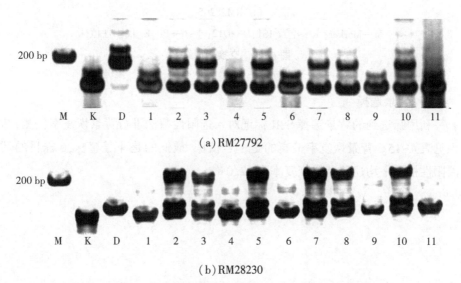

（a）RM27792

（b）RM28230

M—Marker；K—空育131；D—D12；1~11—BC$_2$F$_1$ 代植株

图 4-19　前景选择结果

（2）交换选择

利用抗病基因 *d*12 两侧的交换标记 RM27654、RM28255，对入选的 6 株阳性植株进行交换选择，结果如图 4-20 所示。左侧标记 RM27654 处 4 号、5 号植株发生单交换。

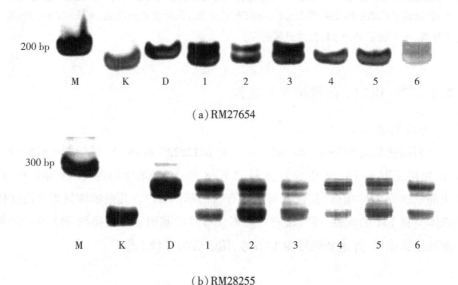

（a）RM27654

（b）RM28255

M—Marker；K—空育 131；D—D12；1~6—BC$_2$F$_1$ 代阳性植株

图 4-20　交换选择结果

（3）背景选择

利用筛选到的背景选择 SSR 标记对入选阳性植株进行背景恢复率检测，结果见表 4-15。背景恢复率最高的是 1 号植株，最低的是 4 号植株，6 株目的基因阳性植株平均遗传背景恢复率为 82.0%。

表 4-15 BC_2F_1 代入选阳性植株的遗传背景基因型

背景标记	BC_2F_1 阳性植株					
	1	2	3	4	5	6
RM10232	bb	bb	bb	bb	Bb	bb
RM10843	Bb	bb	bb	bb	bb	Bb
RM11434	bb	bb	bb	bb	bb	bb
RM11736	bb	Bb	bb	Bb	bb	bb
RM3865	bb	bb	bb	bb	bb	bb
RM6853	Bb	bb	bb	bb	bb	bb
RM3917	bb	bb	bb	bb	bb	Bb
RM3352	bb	bb	bb	bb	bb	bb
RM545	bb	bb	bb	Bb	bb	bb
RM6929	bb	Bb	bb	bb	Bb	bb
RM15349	bb	bb	Bb	bb	bb	bb
RM15745	bb	bb	bb	bb	bb	Bb
RM7585	bb	bb	bb	Bb	bb	Bb
RM1155	bb	bb	bb	bb	bb	bb
RM3276	bb	Bb	bb	bb	bb	bb
RM7030	Bb	bb	bb	bb	bb	bb
RM17794	bb	bb	bb	bb	Bb	bb
RM18086	bb	Bb	bb	Bb	bb	bb
RM8039	bb	bb	bb	bb	bb	bb
RM19207	Bb	bb	Bb	bb	bb	Bb
RM225	bb	bb	bb	bb	bb	bb
RM19631	bb	bb	bb	Bb	bb	bb
RM136	bb	bb	bb	bb	bb	bb
RM19842	bb	bb	Bb	Bb	bb	bb
RM20096	bb	bb	bb	bb	bb	bb
RM20249	bb	Bb	bb	bb	Bb	Bb
RM6223	bb	Bb	bb	bb	bb	bb

续表

背景标记	BC$_2$F$_1$代阳性植株					
	1	2	3	4	5	6
RM7273	bb	bb	bb	Bb	bb	Bb
RM432	bb	bb	Bb	Bb	bb	bb
RM21843	bb	bb	bb	bb	Bb	bb
RM38	bb	Bb	bb	bb	bb	bb
RM22674	bb	bb	bb	bb	bb	bb
RM7027	bb	bb	Bb	bb	Bb	bb
RM23518	bb	bb	bb	bb	bb	Bb
RM6433	Bb	bb	bb	bb	bb	bb
RM3917	bb	Bb	bb	Bb	bb	bb
RM6771	bb	bb	bb	bb	bb	Bb
RM108	bb	bb	Bb	bb	bb	bb
RM24813	bb	Bb	bb	bb	Bb	bb
RM8015	Bb	bb	bb	bb	bb	bb
RM25445	bb	bb	bb	bb	bb	bb
RM3510	bb	bb	Bb	bb	Bb	bb
RM25935	bb	bb	bb	Bb	bb	Bb
RM4B	bb	bb	bb	bb	bb	bb
RM536	bb	bb	bb	bb	bb	bb
RM7226	bb	bb	bb	bb	bb	bb
RM6094	bb	bb	bb	bb	bb	bb
RM491	bb	Bb	bb	bb	Bb	bb
RM6564	bb	bb	Bb	Bb	bb	bb
RM6945	bb	bb	bb	bb	bb	bb
RM28828	Bb	bb	bb	bb	bb	bb
背景恢复率/%	86.2	80.4	84.3	78.4	82.4	80.4

注:B 表示供体亲本 D12 的基因型,b 表示轮回亲本空育 131 的基因型。

（4）抗性鉴定

对蒙古稻、受体亲本空育131、供体亲本D12及空育131(*d*12)的BC$_2$F$_1$代前景选择入选的阳性植株进行抗性鉴定,结果见表4-16。各入选阳性植株均表现出极高的抗病能力,稻瘟病抗性检测结果与MAS技术选择结果一致。

表4-16　稻瘟病抗性

品种名称	感病植株/个						发病指数
	0级	1级	2级	3级	4级	5级	
蒙古稻	0	0	1	1	5	5	4.17±0.90
空育131	0	0	0	4	3	5	3.25±0.86
D12	6	4	0	2	0	0	0.83±1.07＊＊
1号	9	0	2	1	0	0	0.58±1.04＊＊
2号	5	4	2	1	0	0	0.92±0.95＊＊
3号	7	4	1	0	0	0	0.50±0.65＊＊
4号	1	3	3	5	0	0	2.00±1.00＊＊
5号	10	0	0	0	0	0	0.42±0.95＊＊
6号	6	1	3	1	0	1	1.25±1.55＊＊

注:数据以平均值±标准差形式表示;与蒙古稻间均数差异显著性检验;＊表示 $P>0.05$,差异不显著;＊＊表示 $P<0.01$,差异极显著。

4.3.4.4　BC$_3$F$_1$代植株鉴定选择

（1）前景选择

利用与目的基因*d*12紧密连锁的在双亲中多态性良好的前景选择SSR标记RM27792和RM28230对BC$_3$F$_1$代植株进行前景选择,结果如图4-21所示。1号、2号、6号、9号、10号、11号植株均表现出双亲带型,即为目的基因阳性植株,说明其极有可能含有目的基因*d*12。4号植株RM28230标记表现为双亲带型,但是RM27792标记只表现为母本带型。这可能是因为RM28230标记距离目的基因*d*12较远发生杂交的概率更高,并不能由单一标记杂交确定*d*12基因已经发生杂交。其余植株均只表现出母本空育131的带型,即其极有可能不含有目的基因。因此,选择6株阳性植株,重新编号为1~6号,用于后续育种工作。

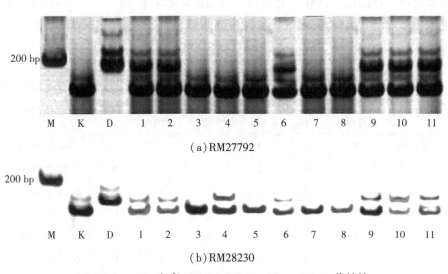

(a)RM27792

(b)RM28230

M—Marker；K—空育131；D—D12；1~11——BC₃F₁代植株

图4-21　前景选择结果

(2)交换选择

利用抗病基因 d12 两侧的交换标记 RM27654、RM28255,对6株阳性植株进行交换选择,结果如图4-22所示。左侧SSR标记RM27654处2号、3号、5号植株均表现出空育131带型,说明在该位置发生交换。其余阳性植株在该位置未发生交换,右侧也未发生交换。

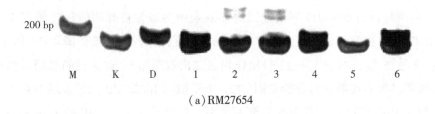

(a)RM27654

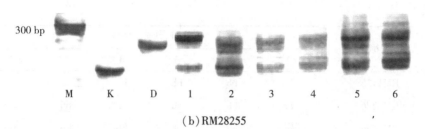

（b）RM28255

M—Marker；K—空育 131；D—D12；1~6—BC$_3$F$_1$ 代阳性植株

图 4-22　交换选择结果

（3）背景选择

利用筛选到的背景选择 SSR 标记对入选阳性植株进行背景恢复率检测，结果见表 4-17。1~6 号阳性植株背景恢复率分别为 94.1%、92.2%、90.2%、92.2%、88.2%、90.2%，平均恢复率为 91.2%。

表 4-17　BC$_3$F$_1$ 代阳性植株的背景恢复率

背景标记	BC$_3$F$_1$代阳性植株					
	1	2	3	4	5	6
RM10232	bb	bb	bb	bb	bb	bb
RM10843	bb	bb	bb	bb	Bb	bb
RM11434	bb	bb	bb	bb	bb	bb
RM11736	bb	bb	bb	bb	bb	bb
RM3865	bb	bb	Bb	bb	bb	bb
RM6853	bb	bb	bb	bb	bb	bb
RM3917	Bb	Bb	bb	bb	bb	bb
RM3352	bb	bb	bb	bb	bb	bb
RM545	bb	bb	bb	bb	bb	Bb
RM6929	bb	bb	bb	bb	bb	bb
RM15349	bb	bb	bb	bb	bb	bb
RM15745	bb	bb	bb	bb	bb	bb
RM7585	bb	bb	bb	bb	Bb	bb

续表

背景标记	BC₃F₁代阳性植株					
	1	2	3	4	5	6
RM1155	bb	bb	bb	bb	bb	bb
RM3276	bb	bb	bb	bb	bb	Bb
RM7030	bb	bb	bb	bb	bb	bb
RM17794	bb	bb	Bb	bb	Bb	bb
RM18086	bb	bb	bb	Bb	bb	bb
RM8039	bb	bb	bb	bb	bb	bb
RM19207	bb	bb	bb	bb	bb	bb
RM225	bb	bb	bb	bb	bb	bb
RM19631	bb	Bb	bb	bb	bb	bb
RM136	bb	bb	bb	bb	bb	bb
RM19842	bb	bb	bb	bb	bb	bb
RM20096	bb	bb	bb	bb	bb	bb
RM20249	bb	bb	bb	bb	bb	bb
RM6223	bb	bb	bb	bb	bb	bb
RM7273	bb	bb	Bb	bb	Bb	Bb
RM432	bb	bb	bb	bb	bb	bb
RM21843	Bb	bb	bb	bb	bb	bb
RM38	bb	Bb	bb	bb	bb	bb
RM22674	bb	bb	bb	Bb	bb	bb
RM7027	bb	bb	bb	bb	bb	bb
RM23518	bb	bb	bb	Bb	bb	bb
RM6433	bb	bb	Bb	bb	bb	bb
RM3917	bb	bb	bb	bb	bb	bb
RM6771	bb	bb	bb	bb	bb	bb
RM108	bb	bb	bb	bb	bb	Bb
RM24813	bb	bb	bb	bb	bb	bb
RM8015	bb	bb	bb	bb	Bb	bb

续表

背景标记	BC₃F₁代阳性植株					
	1	2	3	4	5	6
RM25445	bb	bb	bb	bb	bb	bb
RM3510	bb	Bb	bb	bb	bb	bb
RM25935	bb	bb	bb	Bb	bb	bb
RM4B	bb	bb	bb	bb	bb	bb
RM536	bb	bb	bb	bb	bb	bb
RM7226	bb	bb	bb	bb	bb	bb
RM6094	Bb	bb	bb	bb	bb	bb
RM491	bb	bb	bb	bb	Bb	bb
RM6564	bb	bb	Bb	bb	bb	bb
RM6945	bb	bb	bb	bb	bb	bb
RM28828	bb	bb	bb	bb	bb	Bb
背景恢复率/%	94.1	92.2	90.2	92.2	88.2	90.2

注：B 表示供体亲本 D12 的基因型，b 表示轮回亲本空育 131 的基因型。

（4）抗性检测

对蒙古稻、受体亲本空育 131、供体亲本 D12 及空育 131（*d*12）的 BC₃F₁ 代阳性植株进行稻瘟病抗性鉴定，结果见表 4-18。各入选阳性植株均表现出较高的抗病能力。稻瘟病抗性检测结果与 MAS 技术选择结果一致。

表 4-18　稻瘟病抗性鉴定

品种名称	感病植株/个						发病指数
	0 级	1 级	2 级	3 级	4 级	5 级	
蒙古稻	0	0	0	2	3	7	4.41±0.76
空育 131	0	0	1	3	3	5	4.00±1.00
D12	4	3	4	1	0	0	1.17±0.99＊＊
1 号	5	2	3	1	1	0	1.25±1.30＊＊
2 号	7	2	1	2	0	0	0.83±1.01＊＊

续表

品种名称	感病植株/个						发病指数
	0 级	1 级	2 级	3 级	4 级	5 级	
3 号	7	1	2	1	1	0	1.00±1.35 * *
4 号	10	2	0	0	0	0	0.17±0.37 * *
5 号	4	6	2	0	0	0	0.83±0.69 * *
6 号	5	3	2	2	0	0	1.08±1.11 * *

注:数据以平均值±标准差形式表示;与蒙古稻间进行差异显著性检验, * 表示 $P > 0.05$,差异不显著, * * 表示 $P < 0.01$,差异极显著。

4.3.4.5　$BC_4F_1 \sim BC_6F_1$ 代植株选择

对水稻空育 131(d12) 的 BC_4F_1、BC_4F_2、BC_5F_1、BC_6F_1 代植株进行鉴定,结果见表 4-19。

表 4-19　$BC_4F_1 \sim BC_6F_1$ 代植株选择

世代	前景选择		RM197810		RM19913		背景恢复率		接种后入选植株/株
	杂种/株	d12阳性/株	检测/株	交换/株	检测/株	交换/株	最低/%	最高/%	
BC_4F_1	12	3	3	0	3	0	94.12	96.08	3
BC_4F_2	12	7	6	3	6	2	96.08	98.04	2
BC_5F_1	13	12	12	8	12	8	98.04	100.00	4
BC_6F_1	20	6	6	6	6	2	100.00	100.00	2

由表 4-20 可见,在 BC_4F_1 代中,12 株候选植株经前景选择得到 3 株杂合阳性植株;3 株杂合阳性植株进行交换选择,发现均未发生任何交换;3 株背景恢复率分别为 96.08%、94.12%、94.12%;稻瘟病抗性鉴定结果均为抗病。

BC_4F_1 代 3 株入选植株与轮回亲本空育 131 回交失败,结合田间生长状况,选用遗传背景恢复率最高和整个生育期都保持较高稻瘟病抗性的 1 号植株的

自交粒 BC_4F_2 代继续传代育种。在 BC_4F_2 代中,12 株自交候选植株中,经前景选择得到 7 棵杂合阳性植株,死亡 1 株,对 6 株进行交换选择,结果发现有 3 株发生左侧交换,有 2 株发生右侧交换,最后得到 2 株发生双侧交换的纯合阳性植株。2 株纯合阳性植株背景恢复率分别为 96.08%、98.04%,稻瘟病抗性鉴定结果表明 2 株阳性植株具有较强的抗性。

2 株纯合 BC_4F_2 代植株回交得到 13 株杂交后代。在 BC_5F_1 代中,13 株候选植株经前景选择得到 12 株阳性植株。交换选择结果发现有 8 株发生左侧交换,有 8 株发生右侧交换,最终获得 4 株发生两侧交换的植株,背景恢复率为 98.04%~100.00%。稻瘟病抗性鉴定结果表明入选植株均具有较强的抗性。

从 BC_5F_1 代的 12 株杂合阳性植株中选择恢复率高的 3 株植株作为回交植株,并获得杂交后代。20 株 BC_6F_1 代候选植株经前景选择得到 6 株阳性植株。交换选择获得了 2 株两侧都发生交换的杂合阳性植株,背景恢复率均为 100.00%。稻瘟病抗性鉴定结果表明入选植株均具有较强的稻瘟病抗性。

4.4　讨论

4.4.1　利用 MAS 技术培育寒区抗稻瘟病水稻新品系的优越性

通过 MAS 技术,在短时间内对水稻优良品种所具有的持久抗性基因进行筛选。研究人员通过 MAS 技术成功地将 Xa-4 等 4 个抗水稻白叶枯病基因聚合到水稻品系 IRBB60 中,通过 MAS 技术成功地将 Xa-5 等 3 个抗水稻白叶枯病基因聚合到水稻品系 PR106 中,通过 MAS 技术成功地将 Pi-1 等 3 个抗稻瘟病基因聚合到水稻品系 BL124 中。薛庆中等人选育抗白叶枯病的水稻恢复系,是利用 MAS 技术完成的。李仕贵等人利用水稻 SSR 标记 RM262 对 2 个水稻品种进行分析,此标记与 Pi-$d(t)$ 是紧密连锁的,结果表明研究对象抗性品种地谷和感病品种江南香糯及 8987 的 F_2 代群体的纯合与杂合准确率高达 98%。陈升等人已经成功通过 MAS 技术将广谱抗白叶枯病基因 Xa-21 导入优良恢复系明恢 63 中,并且选育出背景绝大多数为明恢 63 的 Xa-21 纯和单株。曹立勇等人通过 MAS 技术成功选育出 2 个具有广谱抗白叶枯病基因 Xa-21 的水稻恢复系 R8006 和 R1176。罗彦长等人利用 MAS 技术成功培育出水稻 3418S,其具有良好的白叶枯病抗性。众多的例证表明,拥有合适的分子标记,MAS 技术便可以提高育种的效率。

在本书中,选用 SSR 标记作为辅助选择的分子标记,其在整个水稻基因组中分布极广,并且形式多样。在本书中,利用与目的基因 $d12$、$Pigm$ 紧密连锁的 SSR 前景选择标记,在水稻苗期提取 DNA,进行前景选择,对所筛选植株进行鉴定,筛选到含目的基因的阳性植株,其余的直接剔除。

综上所述,MAS 技术的优点包括:第一,可以直接鉴定遗传物质,使目的基因的检测快速且准确。与传统的育种方式相比,MAS 技术克服了耗时、耗力和耗财的缺点。第二,交换标记的筛选有效克服了连锁累赘困扰。第三,背景标记的筛选可使新品种快速恢复到亲本的遗传背景。通过筛选,选择出均匀分布在水稻基因组上的标记,通过这些标记对背景恢复率进行分析。

4.4.2　稻瘟病菌接种鉴定选择

本书中所选用的 SSR 标记虽然距离目的基因很近,但它们之间仍然存在一段距离,仍然存在发生交换的概率,也可能导致前景选择阳性而实际目的基因并不存在的现象。本书采取稻瘟病菌接种鉴定的方法与 MAS 技术相结合的方式,可以更加有效地避免上述原因所导致的目的基因片段丢失。这种将 MAS 技术与直接接种稻瘟病菌鉴定相结合的方式,可以更好地发挥 MAS 技术的优点,达到更好的效果。

在本书中,对每一回交世代进行前景选择、交换选择和背景恢复率检测后,对阳性植株进行稻瘟病菌接种鉴定。结果表明,前景选择抗稻瘟病基因 $Pigm$ 和 $d12$ 为阳性的植株表现出极强的稻瘟病抗性,确保了根据分子标记进行选择的准确性,同时进一步验证了本书中筛选到的 $Pigm$ 和 $d12$ 前景选择标记的有效性。

4.4.3　利用多个空育 131 抗稻瘟病新品系防治稻瘟病

培育多个抗病基因聚合的水稻抗稻瘟病改良品系是解决一些单一抗病品

种推广后3~5年失去抗性的方法，多个抗稻瘟病基因的聚合具有加合效应，能够拓宽品种的稻瘟病抗谱，减少推广种植过程中稻瘟病菌优势群体的形成。但是导入基因过多而对原品种的遗传背景影响较大，改良品系的遗传背景很难完全恢复到原品种的遗传背景，甚至会影响一些原品种具有的优良性状。

利用作物遗传多样性能够解决很多单一品种栽培带来的病虫害问题，这在实践中也已得到应用。在利用水稻作物遗传多样性防治稻瘟病的研究上，朱永勇等人做了系统研究，他们在云南水稻种植地区将2个糯稻感病品种（黄壳糯、紫谷）与2个具有一定抗病能力的杂交稻品种（汕优63、汕优22）进行混合间栽，结果糯稻感病品种的混合间栽与单种相比，产量提高84%，病情减轻94%，说明利用水稻作物遗传多样性在一定的空间范围内可有效防治稻瘟病。但是这种模式只适合在依靠人工种植与收获山区梯田推广，不同品种的混合间栽无法在大规模机械化的平原上推广。

本书培育出不同抗稻瘟病基因的空育131抗稻瘟病新品系，将多个空育131抗稻瘟病新品系进行混合间栽，利用水稻品种内遗传多样性提高改良品种混系种植的稻瘟病抗性，使其能够在大面积推广种植后不丧失抗性，同时每一个空育131抗稻瘟病新品系的遗传背景都恢复到与空育131一致，田间所有性状表现均与空育131一致，这解决了不同品种混合间栽不能机械化生产的难题。

4.5 小 结

（1）筛选确定培育水稻空育131（*d*12）的前景选择SSR标记为距离目的基因*d*12 2.0 Mb和9.67 Mb的SSR标记RM27792和RM28230。目的基因*d*12左侧交换标记为RM27654，与*d*12物理距离为4.9 Mb；右侧标记为RM28255，与*d*12物理距离为10.04 Mb。

（2）筛选确定培育水稻新品系空育131（*Pigm*）前景选择SSR标记为距离目的基因*Pigm* 0.05 Mb的SSR标记AP5659-5。目的基因*Pigm*左侧标记RM19778，与*Pigm*物理距离为1.15 Mb；右侧标记为RM19961，与*Pigm*物理距离为2.6 Mb。

（3）筛选到可用于培育空育131（*d*12）背景选择的SSR标记51个，可用于培育空育 131($Pigm$)背景选择的 SSR 标记 57 个。

（4）成功培育出抗稻瘟病新品系空育 131($d12$) BC_6F_1 代和空育 131($Pigm$) BC_8F_1 代。

参考文献

[1]LI Y B,WU C J,JIANG G H,et al. Dynamic analyses of rice blast resistance for the assessment of genetic and environmental effects[J]. Plant Breeding,2007, 126(5):541−547.

[2]包亮,李一博,高冠军,等. 广谱抗稻瘟病基因 $d12$ 的遗传分析及分子标记辅助选择应用[J]. 分子植物育种,2008,6(4):631−636.

[3]HUANG N,ANGELS E R,DOMINGO J,et al. Pyramiding of bacterial blight resistance genes in rice:marker−assisted selec−tion using RFLP and PCR[J]. Theoretical and Applied Genetics,1997,95(3):313−320.

[4]SINGH S,SIDHU J S,HUANG N,et al. Pyramiding three bacterial blight resistance genes($Xa5$,$Xa13$ and $Xa21$) using marker−assisted selection into indica rice cultivar PR106[J]. Theoretical and Applied Genetics,2001,102(6−7): 1011−1015.

[5]HITTALMANI S,PARCO A,MEW T V,et al. Fine mapping and DNA marker−assisted pyramiding of the three major genes for blast resistance in rice[J]. Theoretical and Applied Genetics,2000,100(7):1121−1128.

[6]薛庆中,张能义,熊兆飞,等. 应用分子标记辅助选择培育抗白叶枯病水稻恢复系[J]. 浙江农业大学学报,1998,24(6):581−582.

[7]李仕贵,王玉平,黎汉云,等. 利用微卫星标记鉴定水稻的稻瘟病抗性[J]. 生物工程学报,2000,16(3):324−327.

[8]CHEN S,LIN X H,XU C G,et al. Improvement of bacterial blight resistance 'Minghui63',an elite restorer line of hybrid rice,by molecular marker−assisted selection[J],Crop Science,2000,40(1):239−244.

[9]曹立勇,庄杰云,占小登,等. 抗白叶枯病杂交水稻的分子标记辅助育种[J]. 中国水稻科学,2003,17(2):91−93.

[10] 罗彦长,王守海,李成荃,等. 应用分子标记辅助选择培育抗稻白叶枯病光敏核不育系 3418S[J]. 作物学报,2003,29(3):402-407.

[11] JIANG H,FENG Y,BAO L,et al. Improving blast resistance of Jin 23B and its hybrid rice by marker-assisted gene pyramiding[J]. Molecular Breeding, 2012,30(4):1679-1688.

[12] ZHU Y,CHEN H,FAN J,et al. Genetic diversity and disease control in rice [J]. Nature,2000,406(6797):718-722.

[13] 刘二明,朱有勇,肖放华,等. 水稻品种多样性混栽持续控制稻瘟病研究 [J]. 中国农业科学,2003,36(2):164-168.

5　抗稻瘟病早粳稻品系空育
131(*Pid2*/*Pid3*)的培育

5.1　相关研究

　　Pid2 基因来源于籼稻品种地谷,已被克隆。2004 年,研究人员用集团分离分析法在地谷中找到了抗稻瘟病主效基因 *Pid2*,其对我国稻瘟病生理小种 ZB15 表现较高的抗性。该基因编码 825 个氨基酸的蛋白激酶,属于新的抗病基因类型,该基因对黑龙江地区稻瘟病菌群具有广谱高效的抗稻瘟病性。其氨基酸含有 B-lectin 结构域,在其羟基端含有一个典型的丝氨酸/丝氨酸激酶结构域(STK),单个碱基发生突变导致一个氨基酸的突变从而产生了抗感差异。

　　Pid3 也源自籼稻品种地谷,对我国稻瘟病生理小种 Zhong-10-8-14 表现较高的抗性。尽管亚洲栽培稻的两个亚种籼稻和粳稻对稻瘟病表现出明显的抗性差异,但是造成这种差异的基因组基础却并不清楚。中国学者对全基因范围内的籼稻 93-11 和粳稻日本晴中的 NBS-LRR 假基因成员之间进行了比对,结果发现这两个基因组上假基因的分布和结构存在巨大的差异。根据全基因组比对结果。Chen 等人设计了大量基于 PCR 的分子标记,用以特异性扩增日本晴的 NBS-LRR 基因成员。这些标记与稻瘟病感病性状是共分离的,因而可以用来对以抗病籼稻和感病粳稻为父母本获得的后代分离群体的抗感情况进行鉴定。通过这种策略,他们在籼稻品种地谷中分离了一个新的抗稻瘟病基因 *Pid3*。*Pid3* cDNA 全长 2 970 bp,含有 2 个外显子,编码一个由 923 个氨基酸组成的蛋白质产物,产物含有 NBS-LRR 结构域和 MHD 基序。*Pid3*[Nip] 在 LRR 结

构域中,转录起始位点开始的第 2 208 位核苷酸处,CAG 被替换为 TAG。

为了培育水稻空育 131($Pid2/Pid3$),本书以空育 131 为受体亲本,以携带抗稻瘟病基因 $Pid2/Pid3$ 的福伊 B 为供体亲本。通过回交转育结合 MAS 技术与人工接种鉴定稻瘟病的方法,选择含有抗病基因 $Pid2/Pid3$ 的育种材料,培育水稻新品系空育 131($Pid2/Pid3$)。

5.2 材料与方法

5.2.1 材料

5.2.1.1 植物材料

受体亲本:空育 131。

供体亲本:福伊 B,南方籼稻品种,其含有抗稻瘟病基因 $Pid2$ 和 $Pid3$。

F_1、BC_1F_1、BC_2F_1、BC_2F_2、BC_3F_1 及 BC_3F_2 各世代的植株。

感病品种:蒙古稻,稻瘟病普感品种。

5.2.1.2 稻瘟病菌来源

每年水稻成熟期采集黑龙江省建三江地区及海南地区自然栽培的感病空育 131 穗颈瘟病样,自然风干,阴凉处保存备用。

5.2.1.3 SSR 标记

(1)前景选择候选 SSR 标记

分别在 $Pid2$ 基因附近选取 3 个 SSR 标记,在 $Pid3$ 基因附近选取 4 个 SSR标记,作为前景选择候选 SSR 标记。选择在双亲间多态性稳定且与目的基因物理距离较近的 SSR 标记,对目的基因进行前景选择。这些前景选择候选 SSR 标记及其相关情况列于表 5-1。

表 5-1　抗稻瘟病基因 *Pid2* 和 *Pid3* 前景选择候选 SSR 标记

目的基因	SSR 标记	PCR 引物序列	
		正向	反向
Pid2	RM20123	CCTACAAATATGCCACCAGACACG	CATCCACGTACTCCCTGTTCAGC
	RM19971	TCCTTATCTCCTCCTGTCCTCTCC	GATGTAGGTCGAGGTCGTTGTGG
	RM20070	CCATTTCCAGATGACTCGGATGG	AAGGCTCGTCCTCGCCTAGC
Pid3	RM19960	AATCCGCAGCCTCGAACTTAGC	AGGCCAAACCGAGCAAACTGC
	RM19961	AATTCTTAGGGTCCGGATTACCG	GTAAACATGGGAAGTTGGGAACC
	RM19969	TGTCGACAAATGTATAGGCAGTCC	GATCATGTACGGCCAATCAGG
	RM19970	AATGGCCCGAACATGAATAACC	ATGGAGGAGGAGACACCAGACC

（2）交换选择候选 SSR 标记

在 *Pid2* 和 *Pid3* 基因两侧位置分别选取 4 个和 5 个 SSR 标记作为交换选择候选标记，对双亲进行多态性检测。选择在双亲间具有多态性的 SSR 分子标记，对目的基因 *Pid2/Pid3* 进行两侧交换选择的鉴定。交换选择候选 SSR 标记列于表 5-2。

表 5-2　抗稻瘟病基因 *Pid2* 和 *Pid3* 交换选择候选 SSR 标记

目的基因	SSR 标记	PCR 引物序列	
		正向	反向
Pid2	RM19778	GCGTGTTCAGAAATTAGGATACGG	GATCTCGCCACGTAATTGTTGC
	RM527	CGGTTTGTACGTAAGTAGCATCAGG	TCCAATGCCAACAGCTATACTCG
	RM19828	GCATACGGCTAGTACCGAGTAGG	CATCTTCACAGGAAAGTGATGC
	RM19829	ATCGCATCCCTTATACATGC	CCTCAGAGTACGTGAAGTTAAAGC
Pid3	RM19887	TTCTGCATCAATTCCTCTCG	TGAGCCATTAAAGGAACACC
	RM19911	ACGGACGACTCCGACAACACG	CGAACGAACGAGGACGAACG
	RM19994	CTTCTGAGATAGCGACTACTACTACG	ATAACCGGGACTAAAGATCG
	RM20017	GTGTGATCATCTACAGCAACAAGG	TTCCCAACCAGGAGAGTAATAGG
	RM3	GTCACATTCCGTTTCCCATCATTCC	CCTCACCTCACCACACGACACG

（3）背景选择候选 SSR 标记

为了培育空育 131(*Pid2/Pid3*)，每条连锁群从短臂端到长臂端均匀选择 25 个 SSR 标记，12 条连锁群共选择 300 个 SSR 标记，作为背景选择候选标记。背景选择候选 SSR 标记名称和位置见表 5-3。

表 5-3   培育空育 131(*Pid2/Pid3*)背景选择候选 SSR 标记

染色体	SSR 标记				
	RM6464	RM10010	RM10022	RM1843	RM10027
	RM4959	RM10153	RM10253	RM10397	RM243
1	RM10720	RM10910	RM24	RM11189	RM3341
	RM11395	RM246	RM1231	RM11799	RM5811
	RM12007	RM8062	RM12051	RM12127	RM12279
	RM12298	RM12300	RM6842	RM12317	RM12322
	RM6800	RM12332	RM233A	RM12510	RM12515
2	RM12696	RM12793	RM3680	RM12955	RM13004
	RM13121	RM3630	RM7624	RM5427	RM13601
	RM13769	RM13825	RM13976	RM13995	RM406
	RM14240	RM14243	RM14247	RM14254	RM3413
	RM7332	RM14274	RM14280	RM14287	RM14402
3	RM14575	RM218	RM5178	RM14893	RM15040
	RM15104	RM15298	RM15416	RM15622	RM8277
	RM15909	RM1230	RM16109	RM570	RM15914
	RM551	RM16280	RM16284	RM16296	RM16304
	RM16316	RM16333	RM16353	RM16393	RM16458
4	RM16539	RM16951	RM1236	RM16847	RM16876
	RM16903	RM17392	RM17004	RM16995	RM17184
	RM241	RM401	RM17504	RM17518	RM17611

续表

染色体	SSR 标记				
	RM17734	RM1248	RM17735	RM17754	RM1024
	RM17863	RM17900	RM3777	RM18012	RM7449
5	RM18102	RM3683	RM18236	RM18318	RM3295
	RM3838	RM18539	RM18612	RM18759	RM19223
	RM18907	RM19057	RM480	RM19114	RM18005
	RM7158	RM19296	RM8101	RM19363	RM19371
	RM19944	RM19427	RM19496	RM6119	RM20152
6	RM19576	RM19600	RM19642	RM6701	RM19799
	RM19814	RM19889	RM1161	RM20049	RM275
	RM314	RM528	RM20521	RM20557	RM20656
	RM20775	RM21096	RM6652	RM20856	RM20898
	RM21044	RM6018	RM21153	RM7121	RM1253
7	RM8034	RM21561	RM21401	RM21511	RM21524
	RM21541	RM22006	RM3917	RM21701	RM21713
	RM6432	RM20797	RM22030	RM22160	RM21871
	RM22189	RM6369	RM22225	RM22241	RM22357
	RM22367	RM8020	RM22508	RM22628	RM23201
8	RM22804	RM22924	RM22933	RM23098	RM23511
	RM23232	RM23325	RM23359	RM23430	RM23627
	RM23520	RM3761	RM23565	RM7267	RM22788
	RM23664	RM23690	RM23707	RM5799	RM23801
	RM23835	RM5515	RM23998	RM24049	RM24117
9	RM24151	RM24190	RM24204	RM6839	RM24302
	RM24379	RM24491	RM257	RM553	RM3909
	RM24660	RM24748	RM24804	RM24837	RM24846

续表

染色体	SSR 标记				
10	RM7492	RM24866	RM24924	RM24950	RM24993
	RM25005	RM25200	RM25139	RM25299	RM25212
	RM216	RM25245	RM25284	RM24916	RM25527
	RM25360	RM25429	RM25462	RM25510	RM25909
	RM25688	RM25767	RM25811	RM25839	RM25319
11	RM286	RM3225	RM332	RM5599	RM167
	RM4504	RM26281	RM26315	RM26362	RM26434
	RM26482	RM26509	RM26547	RM26604	RM26698
	RM287	RM26797	RM6680	RM26924	RM26984
	RM27023	RM27151	RM27200	RM27334	RM27358
12	RM27412	RM27430	RM27489	RM27537	RM27548
	RM27562	RM27630	RM27685	RM27689	RM27783
	RM27822	RM27926	RM28002	RM28018	RM28128
	RM28148	RM511	RM1986	RM28315	RM28449
	RM28537	RM28678	RM28765	RM28825	RM28693

5.2.1.4　试剂

(1)75%乙醇:取750 mL 95%乙醇,加水定容至950 mL。

(2)0.1%升汞:称取1 g $HgCl_2$ 溶解于1 000 mL 的蒸馏水,搅拌,添加1~2滴的Tween20。

(3)50×MS 钙盐母液:将无水氯化钙8.307 g 充分溶于450 mL 蒸馏水,加蒸馏水定容至500 mL。

(4)100×MS 铁盐母液:称取1.865 g Na_2-EDTA溶于400 mL 蒸馏水,加热至完全溶解,再加入1.39 g $FeSO_4 \cdot 7H_2O$ 充分溶解,加蒸馏水定容至500 mL。

(5)100×MS 微量元素母液:称取1.115 g $MnSO_4 \cdot 4H_2O$、0.43 g $ZnSO_4 \cdot 7H_2O$、0.001 25 g $CuSO_4 \cdot 5H_2O$、0.001 25 g $CoCl_2 \cdot 6H_2O$、0.012 5 g $Na_2MoO_4 \cdot 2H_2O$、0.31 g H_3BO_3 和0.041 5g KI,溶于450 mL 蒸馏水,加蒸馏水定容至

500 mL。

(6)200×MS 有机物母液:称取 0.2 g 甘氨酸、0.05 g 烟酸、0.01 g 维生素 B_2,0.05 g 维生素 B_6 和 10 g 肌醇,溶于蒸馏水中,定容至 500 mL。

(7)10×MS 大量元素母液:称取 16.5 g NH_4NO_3、19 g KNO_3、3.7 g $MgSO_4 \cdot 7H_2O$、1.7 g KH_2PO_4 溶于 900 mL 蒸馏水,加蒸馏水定容至 1 000 mL。

(8)MS 培养基:向 800 mL 蒸馏水中加入 30 g 蔗糖、7.5 g 琼脂粉,加热溶解后,再加入 100 mL 10×MS 大量元素母液、20 mL 50×MS 钙盐母液、10 mL 100×MS 铁盐母液、10 mL 100×MS 微量元素母液、5 mL 200×MS 有机物母液,蒸馏水定容至 1 000 mL,pH 值调至 5.8,倒入试管中,高温高压灭菌。

(9)5 mol/L NaCl:称取 NaCl 29.22 g,加蒸馏水 80 mL 溶解,加水定容至 100 mL,高温高压灭菌。

(10)1 mol/L Tris-HCl(pH=8.0):称取 Tris-base 12.11 g,加蒸馏水溶解并定容至 100 mL,用浓盐酸调 pH 值至 8.0,高温高压灭菌。

(11)0.5 mol/L EDTA:称取 Na_2-EDTA 186.1 g,加蒸馏水 800 mL 溶解,再加 NaOH 固体约 20 g,调 pH 值至 8.0,定容至 1 000 mL,高温高压灭菌。

(12)DNA 抽提液:取 100 mL 1 mol/L Tris-HCl(pH=8.0)、40 mL 0.5 mol/L EDTA(pH=8.0)、20 g CTAB、81.2 g NaCl,加灭菌蒸馏水,定容至 1 000 mL。

(13)TE 缓冲液:取 10 mL 1 mol/L Tris-HCl(pH=8.0)、2 mL 0.5 mol/L EDTA(pH=8.0),加蒸馏水定容至 1 000 mL。

(14)氯仿/乙醇/异戊醇:量取 84 mL 氯仿,再向氯仿中加入 15 mL 乙醇和 4 mL 异戊醇搅拌至充分混匀。

(15)5×TBE:取 54 g Tris-base、27.5 g 硼酸,溶于 800 mL 蒸馏水,加入 20 mL 0.5 mol/L EDTA(pH=8.0),搅拌混匀,定容至 1 000 mL。

(16)1×TBE:取 200 mL 5×TBE,加蒸馏水定容至 1 000 mL。

(17)40%丙烯酰胺:取 190 g 丙烯酰胺、10 g 甲叉双丙烯酰胺,溶于 950 mL 蒸馏水,加蒸馏水定容至 1 000 mL,贮存在棕色瓶中,4 ℃保存备用。

(18)10%过硫酸铵:称取 10 g 过硫酸铵,将其溶于 90 mL 蒸馏水,直至充分溶解。

(19)6%非变性聚丙烯酰胺凝胶:16 mL 蒸馏水,5 mL 5×TBE,3.75 mL 40%

丙烯酰胺,250 μL 10%过硫酸铵,12 μL TEMED。

(20)0.1%AgNO₃ 溶液:称取 1 g AgNO₃ 溶解于 1 000 mL 蒸馏水,摇晃直至溶解充分。

(21)NaOH-硼砂溶液:称取 15 g NaOH、0.19 g 硼砂,溶于 800 mL 蒸馏水,定容至 1 000 mL。

5.2.2 试验方法

5.2.2.1 分子检测方法

(1)水稻 DNA 提取

本书采用简单、快速抽提法提取水稻基因组 DNA。具体方法如下:

①从供试水稻材料植株上,剪取 3 ~ 4 cm 长的幼嫩叶片,置于灭菌的 1.5 mL 离心管中,存放于冰盒中。

②将离心管中的嫩叶置于研钵中,先用研磨棒稍微研磨一下,然后加入 400 μL DNA 抽提液继续研磨,直到叶片被完全磨碎。

③加入 400 μL DNA 抽提液,研磨充分。

④吸取 600 μL 研磨液置于 1.5 mL 离心管中。

⑤将装有研磨液的离心管置于 56 ℃水浴锅中 30 min,其间上下颠倒研磨液数次,使 DNA 抽提液与叶片充分混合。

⑥向离心管加入 600 μL 氯仿/乙醇/异戊醇,置于摇床中摇动 30 min。

⑦12 000 r/min,离心 10 min。

⑧分别吸取两次 200 μL(共 400 μL)上清液于新的 1.5 mL 离心管中。

⑨向新的离心管中加入-20 ℃预冷的无水乙醇 800 μL,上下混匀离心管内的样品,-20 ℃放置 30 min(时间越长越好)。

⑩12 000 r/min 离心 10 min。

⑪将上清液倒掉,加入 400 μL 75% 乙醇洗涤沉淀 DNA。

⑫12 000 r/min 离心 3 min。

⑬弃去 75%乙醇,室温稍稍晾干 DNA。

⑭加入 56 ℃预热 TE 缓冲液 50 μL,使 DNA 充分溶解。

⑮将溶解的 DNA 储存于−20 ℃冰箱内。

（2）PCR 检测 PCR 反应条件

10 μL 扩增体系：

10×Taq Buffer（无 Mg^{2+}）	1.0 μL
$MgCl_2$（25 mmol/L）	0.6 μL
dNTP 混合物（10 mmol/L）	0.2 μL
正向引物 SSR Marker（10 μmol/L）	0.5 μL
反向引物 SSR Marker（10 μmol/L）	0.5 μL
Taq DNA 聚合酶（5 U/μL）	0.1 μL
模板 DNA	1.0 μL
ddH$_2$O	6.1 μL
总体积	10.0 μL

反应程序：

94 ℃	2 min	
94 ℃	45 s	
53 ℃	45 s	35 个循环
72 ℃	45 s	
72 ℃	5 min	
4 ℃	保存	

（3）非变性聚丙烯酰胺凝胶电泳

采用6%非变性聚丙烯酰胺凝胶进行电泳检测。

①洗涤玻璃板、间隔片、封口槽和梳子等。

②将两块玻璃板对齐,在两块玻璃板中间插入间隔片,然后将该玻璃板置于封口槽中,并用夹子固定于制胶板上。

③向封口槽中倒入 1% 溶解的琼脂糖凝胶,直至琼脂糖凝胶凝固完全,达到封口的作用。

④配制 6%非变性聚丙烯酰胺凝胶溶液,将其灌入两块玻璃板中间,直至达到玻璃板顶端,然后立即插入梳子,排净两块玻璃板中间的气泡。

⑤水平放置胶板,使胶体凝固(凝胶时间随室温的差异而不同)。

⑥待非变性聚丙烯酰胺凝胶完全凝固,拔掉封口胶。

⑦向电泳槽中加入 1×TBE 缓冲液,将原封口处的气泡排净,然后将胶板固定于电泳槽上,小心地拔出梳子。

⑧向 PCR 产物中加入 6×上样缓冲液 2 μL,混匀。

⑨向每个加样孔中加入 1.8 μL 含有 2 μL 6×Loading Buffer 的 DNA 样品。

⑩点样完毕后,接通电泳仪,电压调至 120 V,定时 2.5 h。

⑪电泳完毕后,用钢尺小心地将两块玻璃板分开,在水中取下聚丙烯酰胺凝胶,清洗一下凝胶。

⑫向洗胶盆中加入 400 mL 0.1% AgNO₃ 置于摇床中,摇动 4~6 min。

⑬回收 AgNO₃,用蒸馏水冲洗凝胶 2~3 次。

⑭加入 400 mL NaOH-硼砂溶液和 1.6 mL 甲醛,混匀,置于摇床中,摇动 5~10 min,直至出现清晰的条带。

⑮倒掉固定液,用蒸馏水清洗凝胶 2~3 次,将其置于凝胶成像系统拍照。

(4)电泳结果分析

①亲本间多态性分析

分别提取供体亲本福伊 B 及受体亲本空育 131 的 DNA 作为模板,并以引物进行 PCR 扩增,通过非变性聚丙烯酰胺凝胶电泳、染色、显影后,分析该引物是否在两个亲本之间具有多态性,筛选出有多态性的引物作为前景选择或背景选择的标记引物。

②前景选择与背景选择分析

前景选择是筛选具有与供体亲本福伊 B 相同条带的植株,也就是筛选 *Pid2/ Pid3* 阳性植株。背景选择则是在入选阳性群体的基础上,选择与受体亲本空育 131 背景恢复率高的个体。背景恢复率(%)= (*L+M*)/2*L*,其中 *L* 表示所有鉴定的分子标记数,*M* 表示恢复到轮回亲本的分子标记数。

5.2.2.2　培育抗稻瘟病水稻空育 131 (*Pid2/Pid3*)的技术路线

本书为培育新品系空育 131 (*Pid2/Pid3*)所制定的技术路线如图 5-1 所示。首先进行双亲有性杂交,对 F₁ 代基于 SSR 标记淘汰伪杂种,得到的 F₁ 代真杂种与轮回亲本空育 131 进行回交,得到 BC₁F₁ 代。对 BC₁F₁ 代群体进行前景选择、交换选择、背景选择及田间稻瘟病抗性鉴定。筛选出含有目的基因、抗病基因两侧发生交换、背景恢复率高、抗病并且农艺性状良好的植株与空育 131

继续回交后自交,直至育成新品系空育 131(*Pid2/Pid3*)。

第一年冬季　　　空育 131 ×福伊 B　　双亲间 SSR 多态性筛选

↓

第二年夏季　　　空育 131 × F$_1$　　基于 SSR 标记淘汰伪杂种

↓

第二年冬季　　　空育 131 × BC$_1$F$_1$　　前景选择、交换选择、背景选择、抗性鉴定

↓

第三年夏季　　　　　BC$_2$F$_1$　　前景选择、交换选择、背景选择、抗性鉴定

↓⊗

第三年冬季　　　空育 131 × BC$_2$F$_2$　　前景选择、交换选择、背景选择、抗性鉴定

↓

第四年夏季　　　　　BC$_3$F$_1$　　前景选择、交换选择、背景选择、抗性鉴定

↓⊗

第四年冬季　　　　　BC$_3$F$_2$　　前景选择、交换选择、背景选择、抗性鉴定

图 5-1　利用 MAS 技术培育空育 131 (*Pid2/Pid3*)的技术路线

为提高杂交粒的成活率,减少外界因素对杂交粒的影响,保障试验的正常进行,本书采用组织培养的方法。方法如下:从杂交粒中选取成熟饱满的种子,去壳;在无菌条件下,用 75% 乙醇对去壳的种子消毒 1~2 min;用灭菌蒸馏水冲洗种子 3~4 次;加入 0.1% 升汞浸泡 15 min;用灭菌蒸馏水冲洗 4~5 次。将消毒后的种子接入 1/2MS 培养基中,26 ℃条件下光照培养。待培养的植株高 15~20 cm 时,打开培养管盖子,加入适量灭菌蒸馏水,在组织培养室中锻炼 3~4 天,然后将其转入温室锻炼 2~3 天。之后将其从试管中取出,小心洗掉根部的培养基,剪掉过长的叶片及根(根部留取约 1.5 cm)移入土壤。

5.2.2.3　稻瘟病抗性鉴定

(1)稻瘟病菌制备

①在超净工作台上将稻瘟病样品以穗颈处为中心,从两端剪成 6 cm 左右长的穗颈病样,用 75% 乙醇擦拭,再用 0.1% 升汞浸泡 5~6 min,无菌水冲洗 2~

3次。

②放至培养皿内,滤纸用含有 50 μg/mL 链霉素的无菌水浸泡。稻瘟病样品置于培养皿内滤纸上的牙签上,于培养箱内 25～28 ℃黑暗条件下培养 2～3天,待样品表面产生深灰色孢子层。

③采用振落的方法将稻瘟病样品上的病菌分离到含有 50 μg/mL 链霉素的燕麦片番茄琼脂培养基,封口后正置于 25～28 ℃黑暗培养箱中 2～3 天,待菌落长出,初长出的菌落有乳白色菌丝。

④从培养好的病菌中挑取单孢至新的含有 50 μg/mL 链霉素的燕麦片番茄琼脂培养基上,封口后置于 25～28℃培养箱内,黑暗条件下培养 5～6 天,至菌体遍布整个平板。

⑤用涂布棒蘸少许无菌水把稻瘟病菌菌丝轻轻涂平在培养基上,于超净工作台内吹干表面水分,用 2 层纱布代替培养皿上盖覆盖培养皿表面,在 25 ℃、光照条件下诱发产生孢子。

⑥控制诱发产生孢子环境的湿度,使培养基经 3～5 天完全干燥。干燥后将平板置于阴凉处贮存待用。

⑦将培养好的单孢转到高粱培养基上,于 25～28 ℃黑暗条件下培养 1 个月左右,待完全干燥且长有菌落的高粱粒变黑后,－20 ℃冰箱中保存。

(2)稻瘟病菌接种

本试验在水稻分蘖期,采用注射接种与喷雾接种相结合的方法。

①稻瘟病苗圃的设计:将待鉴定植株(包括亲本和各世代回交及自交后代阳性植株)分成 2 排种,行距与间距均在 25 cm 左右,以保证植株的充分生长空间;在距离待鉴定植株 25 cm 处种上 3～5 圈蒙古稻,以利于稻瘟病的诱发。

②自然条件选择:一般选在阴雨且气温在 28 ℃左右的天气,如果是晴天,要在下午 5 点左右之后无直射光时才能接种。接种前 4～5 天给水稻增施氮肥,保证一定的水层。

③孢子悬液的配制:将在干燥、阴凉处贮存的稻瘟病孢子平板用浸有蒸馏水的脱脂棉清洗。清洗下来的悬浊液用纱布过滤后放入盛有蒸馏水的烧杯中,经搅拌配制成孢子悬液,在 100 倍显微镜下观察其孢子浓度,平均每个视野20～25 个,即大约每毫升中有 $2×10^5$ 个孢子。再加入少量的 0.05%表面亲和剂 Tween20。孢子悬液一般现用现配。

④注射接种:使用注射器从叶鞘外侧注射,直至稻瘟病菌液从心叶冒出。每株水稻接种 3 个分蘖。

⑤喷雾接种:将孢子悬液装入干净的喷壶中对水稻叶片进行喷雾接种,叶片表面和背面都要喷洒。

(3)稻瘟病调查

注射接种稻瘟病菌 10~15 天后,感病对照品种蒙古稻高度发病说明接种成功,调查稻瘟病发病情况,如表 5-4 所示。抗病级别为 0~2 级时为抗病,抗性级别达到 3 级及以上为感病。感病品种达到 3 级以上(不包括 3 级)为有效接种。调查时,每个分蘖从剑叶(包括剑叶)往下数 3 片叶作为调查对象,并将最严重的叶作为该分蘖的病情指数,将每株 3 个分蘖病情指数的平均值作为该株水稻病情指数。

表 5-4 稻瘟病抗性分级标准

级别	症状	叶片病斑	抗性
0 级	叶片无病斑产生		抗
1 级	叶片上有针尖状褐斑点产生,无坏死		抗
2 级	叶片上有稍大的褐斑发生,直径约为 0.5 mm,无坏死		抗
3 级	叶片上病斑扩展成椭圆形灰色小坏死斑,直径为 1~2 mm		感
4 级	叶片上产生典型病斑,椭圆形,直径为 5~6 mm,边缘褐色		感
5 级	病斑连成片,叶片枯死		感

5.3 结果与分析

5.3.1 稻瘟病菌分离及其致病力测试

5.3.1.1 稻瘟病菌分离

从多个在黑龙江省建三江地区和海南地区采集的水稻空育 131 稻瘟病样品上,利用振落法分离获得 45 个单孢菌株,进行单孢培养,编号 B1~B45。并保存菌株于高粱培养基中, −20 ℃贮存。显微镜下观察分离得到稻瘟病单孢菌株,镜检结果如图 5-2 所示。由图 5-2 可见,孢子呈梨形,确定为稻瘟病菌孢子结构,可用于后续接种试验。

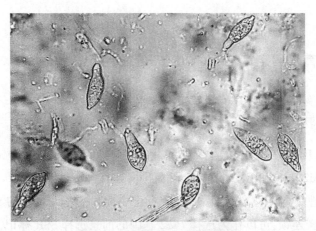

图 5-2　稻瘟病菌孢子显微结构

5.3.1.2 稻瘟病菌致病力测试

将培养好的稻瘟病菌混合制成孢子悬液,采用注射法分别接种于空育 131、福伊 B 及蒙古稻。每个供试水稻材料接种 6 株,每株注射 3 个分蘖,10 天后调查稻瘟病病情,结果见表 5-5。由表 5-5 可知,感病对照品种蒙古稻对混合稻瘟病菌不具有抗性,发病指数在 4 以上,证明稻瘟病菌接种有效。本书分离得到的稻瘟病菌株对感病对照品种蒙古稻、受体品种空育 131 致病性强,对供体品种福伊 B 几乎无致病能力。这表明:一是福伊 B 所含抗病基因 *Pid2* 和 *Pid3* 对空育 131 栽培地区稻瘟病具有高度抗性,可以作为抗稻瘟病基因供体,培育抗稻瘟病空育 131 品系;二是本书分离得到的稻瘟病菌株,适用于培育空育 131 (*Pid2/Pid3*)过程中稻瘟病抗性鉴定。

表 5-5 稻瘟病菌致病力测试

材料名称	抗病基因	感病级别						发病指数	抗性
		株 1	株 2	株 3	株 4	株 5	株 6		
空育131	—	5	4	4	4	4	4	4.17	感
福伊 B	*Pid2/Pid3*	1	0	1	1	0	0	0.50	抗
蒙古稻	无	4	5	4	5	4	4	4.33	感

5.3.2 培育水稻空育 131(*Pid2/Pid3*)的 MAS 体系

5.3.2.1 前景选择

本书中,*Pid2* 在水稻受体亲本和供体亲本间表型见图 5-3。SSR 标记 RM20070、RM20123 和 RM19971 在亲本间均具有多态性。考虑到 RM20070 与目的基因物理距离仅为 1.9 Mb,是 3 个标记中离目的基因最近的 SSR 标记,与 *Pid2* 属于紧密连锁,可以作为选择 *Pid2* 基因的前景选择 SSR 标记。

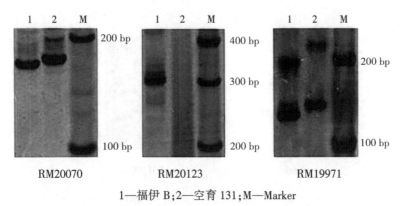

RM20070　　　　　RM20123　　　　　RM19971

1—福伊 B;2—空育 131;M—Marker

图 5-3　*Pid*2 前景候选 SSR 标记在福伊 B 及空育 131 间的表型

在 *Pid*3 基因附近选取 4 个 SSR 标记 RM19960、RM19961、RM19969 及 RM19970 作为前景选择候选 SSR 标记,经比较分析得到,SSR 标记 RM19961 在亲本间具有良好多态性(见图 5-4),且与目的基因物理距离仅为 0.1 Mb,距离目的基因最近,与 *Pid*3 属于紧密连锁。因此,选取 SSR 标记 RM19961 作为抗病基因 *Pid*3 的前景选择 SSR 标记。

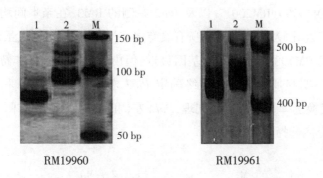

RM19960　　　　　　RM19961

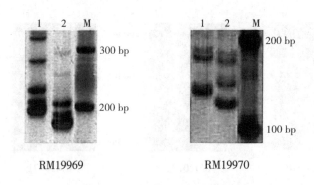

RM19969　　　　　　RM19970

1—福伊 B;2—空育 131;M—Marker

图 5-4　*Pid*3 前景候选 SSR 标记在福伊 B 及空育 131 间的表型

5.3.2.2　交换选择

由于抗病基因 *Pid*2、*Pid*3 均位于第 6 号染色体,且物理距离仅为 5.2 Mb,所以在 *Pid*2、*Pid*3 两侧及中间位置选取 RM19778、RM527、RM19828、RM19829、RM19887、RM19911、RM19994、RM20017 以及 RM3 作为交换选择候选 SSR 标记。筛选结果显示 *Pid*3 左侧的标记 RM19778、RM527、RM19887,*Pid*3 与 *Pid*2 之间的标记 RM19994、RM20017,以及 *Pid*2 右侧的 RM3,在亲本间均表现多态性,见图 5-5。经比较分析得到,在所有具有多态性的分子标记中,虽然 *Pid*3 左侧的 SSR 标记 RM19887 相距目的基因最近,但由于其扩增结果非特异性条带过多,多态性不明显所以舍去。最终确定 *Pid*3 左侧标记 RM527 和右侧标记 RM19994 为交换选择 SSR 标记。同理,*Pid*2 左侧的 RM20017 和右侧的 RM3 可以作为 *Pid*2 交换选择 SSR 标记。

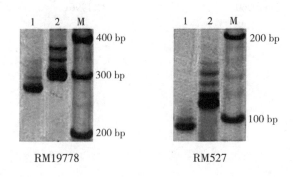

RM19778　　　　　　RM527

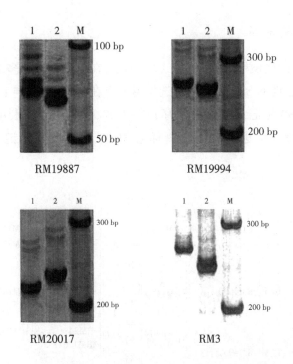

1—福伊 B;2—空育 131;M—Marker

图 5-5　交换选择候选 SSR 标记在福伊 B 及空育 131 间的表型

综合以上试验结果,得到用于目的基因 *Pid2*、*Pid3* 前景选择及交换选择的 SSR 标记。这些 SSR 标记大致分布位置及与目的基因相对距离如图 5-6 所示。

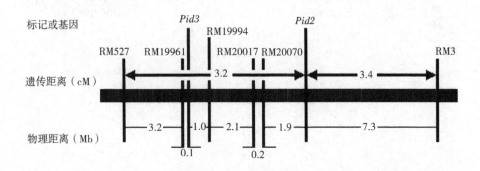

图 5-6　*Pid2*、*Pid3* 前景选择 SSR 标记及交换选择 SSR 标记遗传连锁图

5.3.2.3　背景选择

　　利用在 12 条连锁群上的 300 个 SSR 标记,在双亲间进行多态性筛选。在筛选的具有多态性的 SSR 标记中挑选均匀分布在 12 条连锁群上,并且多态性稳定的 57 个 SSR 标记,作为培育空育 131($Pid2/Pid3$)过程中利用 MAS 技术对育种材料进行背景恢复率测定的选择标记,即背景选择 SSR 标记。其名称及其位置见图 5-7。

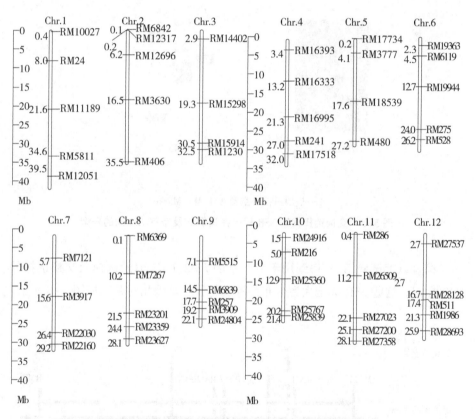

图 5-7　空育 131 背景选择 SSR 标记遗传连锁图

5.3.3　水稻空育131(*Pid2*/*Pid3*)的培育

5.3.3.1　F₁ 代植株鉴定选择

利用 RM20070 对空育131×福伊 B 的 F_1 代植株进行真伪杂种鉴定,结果如图 5-8 所示。在18株 F_1 代植株中,2 号、5 号、6 号、7 号、8 号、9 号、12 号及17号个体表现出杂合条带,可能含有目的基因。其余植株表现空育131的条带,说明其均为空育131自交后代,系伪杂种。

进一步利用 RM19961 对空育131×福伊 B 的 F_1 代植株进行鉴定,结果如图 5-8(b)所示。在18株 F_1 代植株中,2 号、5 号、6 号、7 号、8 号、9 号、12 号及17号个体表现出杂合条带,为真杂种。其余植株表现出空育131条带,均为伪杂种。最终,获得8株空育131×福伊 B 的 F_1 代真杂种。以筛选后的 F_1 代植株为供体亲本与受体亲本空育131回交获得 BC_1F_1 代。

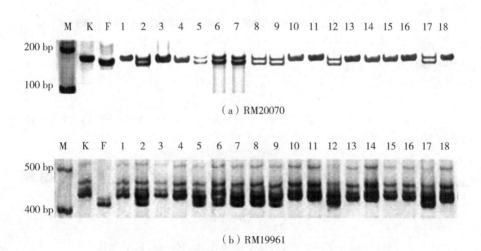

（a）RM20070

（b）RM19961

M—Marker；K—空育131；F—福伊 B；1~18—F_1 代植株

图 5-8　利用 SSR 标记检测 F_1 代植株

5.3.3.2　BC₁F₁代植株鉴定选择

（1）前景选择

利用 RM20070 分子标记对 BC₁F₁代植株 *Pid*2 基因进行前景选择，结果如图 5-9(a)所示。3 号、7 号、9 号、11 号、12 号、16 号、18 号表现出双亲带型，为含有 *Pid*2 基因的阳性植株。其余植株均只表现出空育 131 的带型，其极有可能不含有目的基因。在 BC₁F₁代共获得 7 株含有 *Pid*2 基因的阳性植株。

利用 SSR 标记 RM19961 对 BC₁F₁代植株 *Pid*3 基因进行前景选择，结果见图 5-9(b)。3 号、7 号、9 号、11 号、12 号、16 号、18 号植株均表现出双亲带型，为含有 *Pid*3 基因的阳性植株。其余植株均只表现出亲本空育 131 的带型，极有可能不含有目的基因。所以最终得到含有 *Pid*3 基因的阳性植株 7 株，用于后续育种工作。

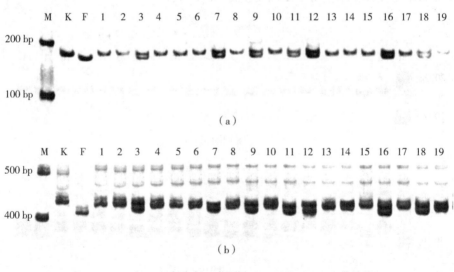

M—Marker；K—空育 131；F—福伊 B；1~19—BC₁F₁代植株

图 5-9　前景选择结果

值得注意的是这 7 株植株在对 *Pid*2、*Pid*3 的选择过程中均表现为阳性。说明在 BC₁F₁代植株中 *Pid*2 与 *Pid*3 间并未出现单交换现象，这可能是由于二者本身遗传距离较近。将这7株植株重新编号为1~7号,用于后续试验。

（2）交换选择

利用目的基因*Pid2*两侧的交换标记RM20017(左侧)、RM3(右侧),对入选的7株阳性植株进行交换选择,结果如图5-10所示。1号到7号植株均表现出双亲带型,说明在目的基因两侧交换标记相应位置均未发生交换。

利用*Pid3*两侧的交换标记RM527(左侧)、RM19994(右侧),对入选的7株阳性植株进行交换选择标记筛选,结果如图5-10所示。1号到7号植株均表现出双亲带型,可知在目的基因*Pid3*两侧交换标记相应位置均未发生交换。

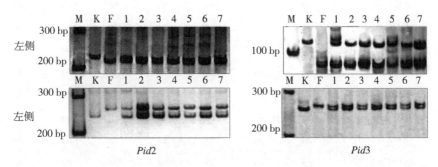

M—Marker；K—空育131；F—福伊B；1~7—BC$_1$F$_1$代植株

图5-10　交换选择结果

（3）背景选择

利用均匀分布于水稻12条连锁群上的57个SSR标记,对前景选择入选的7个BC$_1$F$_1$代植株进行背景选择,结果见表5-6。空育131(*Pid2/Pid3*)BC$_1$F$_1$代入选阳性植株平均背景恢复率达88.2%,其中2号植株背景恢复率最高,为91.2%,6号植株背景恢复率最低,为86.0%。

表5-6　背景恢复率

SSR 标记	BC$_1$F$_1$代阳性植株						
	1	2	3	4	5	6	7
RM10027	aa	aa	aa	aa	aa	aa	aa
RM24	Aa	aa	aa	Aa	Aa	Aa	Aa

续表

SSR 标记	BC$_1$F$_1$ 代阳性植株						
	1	2	3	4	5	6	7
RM11189	aa	aa	aa	aa	aa	aa	aa
RM5811	aa	aa	aa	aa	aa	aa	aa
RM12051	aa	aa	aa	aa	aa	aa	aa
RM6842	aa	aa	aa	aa	aa	aa	aa
RM12317	aa	Aa	aa	aa	aa	aa	aa
RM12696	aa	aa	aa	aa	aa	aa	aa
RM3630	aa	aa	aa	aa	aa	aa	aa
RM406	aa	aa	aa	aa	aa	aa	aa
RM14402	aa	aa	aa	aa	aa	aa	aa
RM15298	aa	aa	aa	aa	aa	aa	aa
RM15914	Aa	aa	aa	aa	Aa	Aa	Aa
RM1230	aa	Aa	aa	aa	aa	aa	aa
RM241	aa	aa	Aa	aa	aa	aa	aa
RM16393	aa	aa	aa	aa	aa	aa	aa
RM16333	Aa	aa	aa	aa	aa	Aa	Aa
RM16995	aa	aa	aa	aa	aa	aa	aa
RM17518	aa	aa	aa	aa	aa	aa	aa
RM17734	aa	Aa	aa	Aa	aa	aa	aa
RM3777	aa	aa	Aa	aa	aa	Aa	aa
RM18539	aa	aa	aa	aa	Aa	aa	aa
RM480	aa	aa	aa	aa	aa	aa	aa
RM19363	aa	aa	aa	aa	aa	aa	aa
RM6119	aa	aa	aa	aa	aa	aa	aa
RM19944	aa	aa	aa	aa	aa	aa	aa
RM275	Aa	Aa	Aa	Aa	aa	Aa	aa
RM528	aa	aa	aa	aa	aa	aa	aa
RM7121	aa	aa	aa	aa	aa	aa	Aa

续表

SSR 标记	BC₁F₁ 代阳性植株						
	1	2	3	4	5	6	7
RM3917	aa	aa	aa	aa	aa	aa	aa
RM22030	aa	aa	aa	aa	aa	aa	aa
RM22160	aa	aa	aa	aa	aa	aa	aa
RM6369	aa	aa	aa	aa	aa	aa	aa
RM7267	aa	aa	aa	aa	aa	aa	aa
RM23201	Aa	aa	Aa	Aa	Aa	Aa	aa
RM23359	aa	aa	aa	aa	aa	aa	aa
RM23627	aa	aa	aa	aa	aa	aa	aa
RM5515	aa	aa	aa	aa	aa	aa	aa
RM6839	aa	aa	aa	aa	aa	aa	aa
RM257	aa	Aa	aa	Aa	Aa	Aa	Aa
RM3909	Aa	aa	Aa	aa	aa	aa	aa
RM24804	aa	aa	aa	aa	aa	aa	aa
RM24916	aa	aa	aa	aa	aa	aa	aa
RM216	aa	aa	aa	aa	aa	aa	aa
RM25360	aa	aa	aa	aa	aa	aa	aa
RM25767	aa	aa	aa	aa	aa	aa	aa
RM25839	aa	aa	Aa	Aa	Aa	Aa	Aa
RM286	aa	aa	aa	aa	aa	aa	aa
RM26509	aa	aa	aa	aa	aa	aa	aa
RM27023	aa	aa	aa	aa	aa	aa	aa
RM27200	aa	aa	aa	aa	aa	aa	aa
RM27358	aa	aa	aa	aa	aa	aa	aa
RM27537	aa	aa	aa	aa	aa	aa	aa
RM28128	aa	aa	aa	aa	aa	aa	aa
RM511	aa	aa	Aa	Aa	Aa	aa	Aa

续表

SSR 标记	BC$_1$F$_1$ 代阳性植株						
	1	2	3	4	5	6	7
RM1986	aa	aa	aa	aa	aa	aa	aa
RM28693	aa	aa	aa	aa	aa	aa	aa
恢复率/%	89.5	91.2	87.7	87.7	87.7	86.0	87.7

注:A 表示亲本福伊 B 表型,a 表示亲本空育 131 表型。

(4)稻瘟病抗性鉴定

对供体亲本福伊 B、受体亲本空育 131、蒙古稻及空育 131(*Pid*2/*Pid*3)的 BC$_1$F$_1$ 代前景选择入选阳性植株进行稻瘟病抗性鉴定,结果见表 5-7。蒙古稻平均发病指数为 4.17,感病,说明稻瘟病接种有效。各入选阳性植株均表现出较高的抗病能力。稻瘟病抗性检测结果与 MAS 技术选择结果一致。

表 5-7　稻瘟病抗性鉴定

材料名称	感病植株/株						发病指数	抗性
	0 级	1 级	2 级	3 级	4 级	5 级		
蒙古稻	0	0	0	3	4	5	4.17	感
空育 131	0	1	1	4	4	2	3.42	感
福伊 B	6	3	2	1	0	0	0.83	抗
1 号	5	4	1	1	1	0	1.08	抗
2 号	8	1	1	2	0	0	0.75	抗
3 号	7	1	2	1	1	0	1.00	抗
4 号	10	1	1	0	0	0	0.25	抗
5 号	4	6	2	0	0	0	0.83	抗
6 号	5	5	1	0	1	0	0.72	抗
7 号	5	6	1	0	0	0	0.67	抗

5.3.3.3　BC$_2$F$_1$ 代植株鉴定选择

（1）前景选择

选取 BC$_1$F$_1$ 代前景选择含有目的基因 *Pid2/Pid3* 阳性植株，背景恢复率高，抗性强且农艺性状优良的 2 号植株与轮回亲本空育 131 回交。得到了 19 株生长性状良好的 BC$_2$F$_1$ 代植株。利用 SSR 标记 RM20070 对该群体 *Pid2* 基因进行分子鉴定，检测结果如图 5-11（a）所示。1 号、6 号、9 号、14 号、17 号、18 号及 19 号植株表现出杂合条带，具有供体亲本条带，说明其可能含有 *Pid2* 基因，入选为阳性植株。其他植株表现出受体亲本空育 131 条带，说明其不含有目的基因。最终得到 7 株可能含有 *Pid2* 基因的阳性植株。

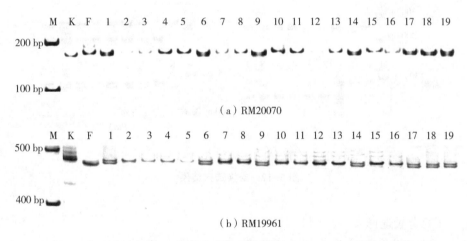

（a）RM20070

（b）RM19961

M—Marker；K—空育 131；F—福伊 B；1~19—BC$_2$F$_1$ 代植株

图 5-11　前景选择结果

利用 SSR 标记 RM19961 对这 19 株生长性状良好的 BC$_2$F$_1$ 代植株 *Pid3* 基因进行分子鉴定，检测结果如图 5-11（b）所示。图 5-11（b）显示，1 号、6 号、9 号、14 号、17 号、18 号、19 号泳道表现为杂合带，具有供体亲本条带，可能含有 *Pid3* 基因，入选为阳性植株。其他植株表现出受体亲本空育 131 条带，说明不含有目的基因。最终得到 7 株可能含有 *Pid3* 基因的阳性植株。由图 5-11 可以看出，两种 SSR 标记筛选到的阳性植株为相同编号，说明在 BC$_2$F$_1$ 代获得了

同时含有 *Pid2* 和 *Pid3* 的 7 株阳性植株,而且未出现基因单分离的现象。将这 7 株植株重新编号为 1~7 号,用于后续试验。

(2)交换选择

利用目的基因 *Pid2* 两侧的交换标记 RM20017(左侧)、RM3(右侧),对入选的 7 株 BC$_2$F$_1$ 代阳性植株进行交换选择,结果见图 5-12。1~7 号植株均表现出双亲带型,说明在目的基因两侧交换标记相应位置均未发生交换。

利用 *Pid3* 两侧的交换标记 RM527(左侧)、RM19994(右侧),对入选的 7 株 BC$_2$F$_1$ 代阳性植株进行交换选择,结果见图 5-12。1~7 号植株均表现出双亲带型,可知在目的基因 *Pid3* 两侧交换标记相应位置均未发生交换。

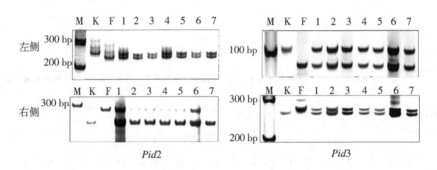

M—Marker;K—空育 131;F—福伊 B;1~7—BC$_2$F$_1$ 代植株

图 5-12　交换选择结果

(3)背景选择

利用均匀分布于水稻 12 条连锁群上的 57 个 SSR 标记,对 BC$_2$F$_1$ 代前景选择入选的 7 个植株进行背景选择,结果见表 5-8。从表 5-8 中可以看出,空育 131(*Pid2/Pid3*) BC$_2$F$_1$ 代入选阳性植株平均背景恢复率达 91.2%,其中 1 号植株背景恢复率最高,为 93.0%,5 号植株背景恢复率最低,为 89.5%。

表 5-8　背景恢复率

SSR 标记	BC$_2$F$_1$ 代阳性植株						
	1	2	3	4	5	6	7
RM10027	aa	aa	aa	aa	aa	aa	aa
RM24	Aa	Aa	Aa	Aa	Aa	Aa	Aa
RM11189	aa	aa	aa	aa	aa	aa	aa
RM5811	aa	aa	aa	aa	aa	aa	aa
RM12051	aa	aa	aa	aa	aa	aa	aa
RM6842	aa	aa	aa	aa	Aa	aa	aa
RM12317	aa	aa	aa	aa	aa	Aa	aa
RM12696	aa	aa	aa	aa	aa	aa	aa
RM3630	aa	aa	aa	aa	aa	aa	aa
RM406	aa	aa	aa	aa	aa	aa	aa
RM14402	aa	aa	aa	aa	aa	aa	aa
RM15298	aa	aa	aa	aa	aa	aa	aa
RM15914	aa	aa	aa	aa	aa	aa	Aa
RM1230	aa	aa	aa	Aa	aa	aa	aa
RM241	aa	aa	aa	aa	aa	aa	aa
RM16393	aa	aa	aa	aa	aa	aa	aa
RM16333	aa	aa	aa	aa	aa	aa	aa
RM16995	aa	aa	aa	aa	aa	aa	aa
RM17518	aa	aa	aa	aa	aa	aa	aa
RM17734	aa	Aa	aa	aa	Aa	aa	aa
RM3777	Aa	aa	aa	aa	aa	aa	aa
RM18539	aa	aa	Aa	aa	aa	aa	aa
RM480	aa	aa	aa	aa	aa	aa	aa
RM19363	aa	aa	aa	aa	aa	aa	aa
RM6119	aa	aa	aa	aa	aa	aa	aa
RM19944	aa	aa	aa	aa	Aa	aa	aa

续表

SSR 标记	BC$_2$F$_1$ 代阳性植株						
	1	2	3	4	5	6	7
RM275	aa	Aa	Aa	aa	aa	Aa	Aa
RM528	aa	aa	aa	aa	aa	aa	aa
RM7121	aa	aa	aa	aa	aa	aa	aa
RM3917	aa	aa	aa	Aa	Aa	aa	aa
RM22030	aa	aa	aa	aa	aa	aa	aa
RM22160	aa	aa	aa	aa	aa	aa	aa
RM6369	aa	aa	aa	aa	aa	aa	aa
RM7267	aa	aa	aa	aa	aa	aa	aa
RM23201	aa	aa	aa	aa	Aa	Aa	Aa
RM23359	aa	aa	aa	aa	aa	aa	aa
RM23627	aa	aa	aa	aa	aa	aa	aa
RM5515	aa	aa	aa	aa	aa	aa	aa
RM6839	aa	aa	aa	aa	aa	aa	aa
RM257	aa	Aa	aa	Aa	aa	aa	aa
RM3909	Aa	aa	aa	aa	aa	aa	aa
RM24804	aa	aa	aa	aa	aa	aa	aa
RM24916	aa	aa	aa	aa	aa	aa	aa
RM216	aa	aa	aa	aa	aa	aa	aa
RM25360	aa	aa	aa	aa	aa	aa	aa
RM25767	aa	aa	aa	aa	aa	aa	aa
RM25839	aa	aa	Aa	Aa	aa	Aa	aa
RM286	aa	aa	aa	aa	aa	aa	aa
RM26509	aa	aa	aa	aa	aa	aa	aa
RM27023	aa	aa	aa	aa	aa	aa	aa
RM27200	aa	aa	aa	aa	aa	aa	aa
RM27358	aa	aa	aa	aa	aa	aa	Aa

续表

SSR 标记	BC₂F₁ 代阳性植株						
	1	2	3	4	5	6	7
RM27537	aa	aa	aa	aa	aa	aa	aa
RM28128	aa	aa	aa	aa	aa	aa	aa
RM511	Aa	Aa	Aa	aa	aa	aa	aa
RM1986	aa	aa	aa	aa	aa	aa	aa
RM28693	aa	aa	aa	aa	aa	aa	aa
恢复率/%	93.0	91.2	91.2	91.2	89.5	91.2	91.2

注：A 表示亲本福伊 B 表型,a 表示亲本空育 131 表型。

(4)稻瘟病抗性鉴定

对供体亲本福伊 B、受体亲本空育 131、蒙古稻及空育 131(*Pid2/Pid3*)的 BC₂F₁ 代前景选择入选的阳性植株进行稻瘟病抗性鉴定,结果见表5-9。蒙古稻平均稻瘟病发病指数为 4.17,感病,说明稻瘟病接种有效。各入选阳性植株均表现出较高的抗病能力。稻瘟病抗性检测结果与 MAS 技术选择结果一致。

表 5-9 稻瘟病抗性鉴定

材料名称	感病植株/株						发病指数	抗性
	0 级	1 级	2 级	3 级	4 级	5 级		
蒙古稻	0	0	0	3	4	5	4.17	感
空育 131	0	1	1	4	4	2	3.42	感
福伊 B	8	3	0	1	0	0	0.63	抗
1 号	9	1	1	1	0	0	0.50	抗
2 号	8	2	1	1	0	0	0.58	抗
3 号	5	7	0	0	0	0	0.58	抗
4 号	2	0	2	8	0	0	2.33	抗
5 号	10	0	1	0	1	0	0.50	抗
6 号	3	1	2	6	0	0	1.92	抗
7 号	9	0	2	0	0	1	0.58	抗

5.3.3.4   BC₂F₂代植株鉴定选择

（1）前景选择

选取 BC₂F₁ 代前景选择含有目的基因 *Pid2/Pid3*、背景恢复率高、抗性强且农艺性状优良的 1 号植株用于后代培养。由于生长环境原因未能成功获得回交子代，所以我们获得了 15 株自交子代（BC₂F₂ 代植株）。利用 SSR 标记 RM20070 对该群体 *Pid2* 基因进行鉴定，结果如图 5-13（a）所示。1 号、4 号、7 号、8 号、12 号、13 号、15 号植株表现出双亲杂合条带，说明可能含有杂合的目的基因 *Pid2*，入选为阳性植株；9 号、10 号、11 号植株表现出供体亲本福伊 B 的带型，说明可能含有纯合的目的基因 *Pid2*，入选为阳性植株。其他植株表现出受体亲本空育 131 条带，说明不含有目的基因。最终得到 10 株含有 *Pid2* 基因的阳性植株。

利用 SSR 标记 RM19961 对 15 株 BC₂F₂ 代植株 *Pid3* 基因进行鉴定，结果如图 5-13（b）所示。1 号、4 号、7 号、8 号、12 号、13 号、15 号植株表现出双亲杂合带，说明其可能含有杂合的目的基因 *Pid3*，入选为阳性植株；9 号、10 号、11 号植株表现出供体亲本福伊 B 的带型，说明其可能含有纯合的目的基因 *Pid3*，入选为阳性植株。其他植株表现出受体亲本空育 131 条带，说明其不含有目的基因。最终得到 10 株含有 *Pid3* 基因的阳性植株。

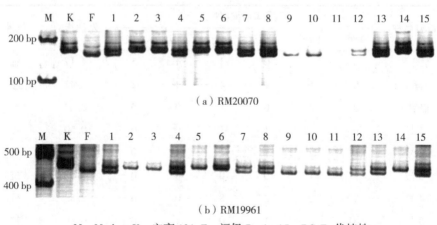

（a）RM20070

（b）RM19961

M—Marker；K—空育 131；F—福伊 B；1~15—BC₂F₂ 代植株

图 5-13   前景选择结果

同时,由图5-13可以看出筛选到的阳性植株为相同编号,说明在 BC_2F_2 代获得了同时含有 *Pid*2 和 *Pid*3 的10株阳性植株,而且未出现基因单分离的现象。将这10株阳性植株重新编号为1~10号,用于后续试验。

(2)交换选择

利用目的基因 *Pid*2 两侧的交换标记 RM20017(左侧)、RM3(右侧),对入选的10株 BC_2F_2 代阳性植株进行交换选择,结果如图5-14所示。1~7号植株均表现出双亲带型,8号、9号和10号植株与供体亲本带型相同,说明在目的基因两侧交换标记相应位置均未发生交换。

利用 *Pid*3 两侧的交换标记 RM527(左侧)、RM19994(右侧),对入选的10株 BC_2F_2 代阳性植株进行交换选择,结果如图5-14所示。1~7号植株均表现出双亲带型,8号、9号和10号植株与供体亲本带型相同。可知在目的基因 *Pid*3 两侧交换标记相应位置均未发生交换。

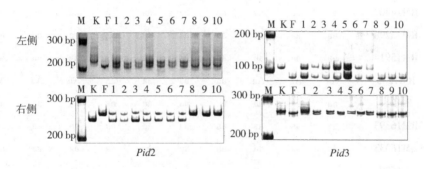

M—Marker;K—空育131;F—福伊B;1~10—BC_1F_1 代植株

图5-14　交换选择结果

(3)背景选择

利用均匀分布于水稻12条连锁群上的57个SSR标记,对 BC_2F_2 代前景选择入选的10个植株进行背景选择,结果见表5-10。空育131(*Pid2/Pid3*) BC_2F_2 代入选阳性植株平均背景恢复率达92.3%,其中4号植株背景恢复率最高,为94.7%,2号、3号、7号、8号和9号植株背景恢复率最低,为91.2%。

表 5-10　背景恢复率

SSR 标记	BC$_2$F$_2$ 代阳性植株									
	1	2	3	4	5	6	7	8	9	10
RM10027	aa	aa	aa	aa	aa	aa	aa	aa	aa	aa
RM24	aa	aa	Aa	aa	aa	aa	aa	aa	Aa	aa
RM11189	aa	aa	aa	aa	aa	aa	aa	aa	aa	aa
RM5811	aa	aa	aa	aa	aa	aa	aa	aa	aa	aa
RM12051	aa	aa	aa	aa	aa	aa	aa	aa	aa	aa
RM6842	aa	aa	aa	aa	aa	aa	aa	aa	aa	aa
RM12317	aa	Aa	aa	aa	aa	Aa	aa	aa	aa	aa
RM12696	aa	aa	aa	aa	aa	aa	aa	aa	aa	aa
RM3630	aa	aa	aa	aa	aa	aa	aa	aa	aa	aa
RM406	aa	aa	aa	aa	aa	aa	aa	aa	aa	aa
RM14402	aa	aa	aa	aa	aa	aa	aa	aa	aa	aa
RM15298	aa	aa	aa	aa	aa	aa	aa	aa	aa	aa
RM15914	aa	aa	aa	aa	Aa	aa	Aa	aa	aa	aa
RM1230	Aa	Aa	Aa	aa	aa	aa	aa	Aa	Aa	Aa
RM241	aa	aa	aa	aa	aa	aa	aa	aa	aa	aa
RM16393	aa	aa	aa	aa	aa	aa	aa	aa	aa	aa
RM16333	Aa	aa	aa	aa	aa	Aa	aa	aa	aa	aa
RM16995	aa	aa	aa	aa	aa	aa	aa	aa	aa	aa
RM17518	aa	aa	aa	aa	aa	aa	aa	aa	aa	aa
RM17734	aa	aa	aa	Aa	Aa	aa	aa	Aa	aa	aa
RM3777	aa	aa	aa	aa	aa	aa	aa	aa	aa	aa
RM18539	aa	aa	aa	aa	aa	aa	aa	aa	aa	aa
RM480	aa	aa	aa	aa	aa	aa	aa	aa	aa	aa
RM19363	aa	aa	aa	aa	aa	aa	aa	aa	aa	aa
RM6119	aa	aa	aa	aa	aa	aa	aa	aa	aa	aa
RM19944	aa	aa	aa	aa	Aa	aa	aa	aa	aa	aa
RM275	Aa	Aa	Aa	aa	aa	aa	Aa	aa	Aa	Aa

续表

SSR 标记	BC₂F₂ 代阳性植株									
	1	2	3	4	5	6	7	8	9	10
RM528	aa	aa	aa	aa	aa	aa	aa	aa	aa	aa
RM7121	aa	aa	aa	aa	aa	aa	aa	aa	aa	aa
RM3917	aa	aa	aa	aa	aa	aa	aa	aa	aa	aa
RM22030	aa	aa	aa	aa	aa	aa	aa	aa	aa	aa
RM22160	aa	aa	aa	aa	aa	aa	aa	aa	aa	aa
RM6369	aa	aa	aa	aa	aa	aa	aa	aa	aa	aa
RM7267	aa	aa	aa	aa	aa	aa	aa	aa	aa	aa
RM23201	aa	aa	aa	Aa	aa	Aa	Aa	Aa	Aa	Aa
RM23359	aa	aa	aa	aa	aa	aa	aa	aa	aa	aa
RM23627	aa	aa	aa	aa	aa	aa	aa	aa	aa	aa
RM5515	aa	aa	aa	aa	aa	aa	aa	aa	aa	aa
RM6839	aa	aa	aa	aa	aa	aa	aa	aa	aa	aa
RM257	aa	Aa	aa	aa	aa	aa	aa	aa	aa	aa
RM3909	Aa	aa	aa	aa	aa	aa	aa	aa	aa	aa
RM24804	aa	aa	aa	aa	aa	aa	aa	aa	aa	aa
RM24916	aa	aa	aa	aa	aa	aa	aa	aa	aa	aa
RM216	aa	aa	aa	aa	aa	aa	aa	aa	aa	aa
RM25360	aa	aa	aa	aa	aa	aa	aa	aa	aa	aa
RM25767	aa	aa	aa	aa	aa	aa	aa	aa	aa	aa
RM25839	aa	aa	Aa	aa	aa	aa	Aa	Aa	Aa	aa
RM286	aa	aa	aa	aa	aa	aa	aa	aa	aa	aa
RM26509	aa	aa	aa	aa	aa	aa	aa	aa	aa	aa
RM27023	aa	aa	aa	aa	aa	aa	aa	aa	aa	aa
RM27200	aa	aa	aa	aa	aa	aa	aa	aa	aa	aa
RM27358	aa	aa	aa	aa	aa	aa	aa	aa	aa	aa
RM27537	aa	aa	aa	aa	aa	aa	aa	aa	aa	aa
RM28128	aa	Aa	aa	aa	aa	aa	aa	aa	aa	aa
RM511	aa	aa	Aa	Aa	Aa	Aa	Aa	Aa	aa	Aa

续表

SSR 标记	BC$_2$F$_2$ 代阳性植株									
	1	2	3	4	5	6	7	8	9	10
RM1986	aa	aa	aa	aa	aa	aa	aa	aa	aa	aa
RM28693	aa	aa	aa	aa	aa	aa	aa	aa	aa	aa
恢复率/%	93.0	91.2	91.2	94.7	93.0	93.0	91.2	91.2	91.2	93.0

注:a 表示亲本福伊 B 表型,A 表示亲本空育 131 表型。

(4)稻瘟病抗性鉴定

对供体亲本福伊 B、受体亲本空育 131、蒙古稻及空育 131(*Pid*2/*Pid*3)的 BC$_2$F$_2$ 代前景选择入选的阳性植株进行稻瘟病抗性鉴定,结果见表 5-11。蒙古稻平均稻瘟病发病指数为 4.25,感病,说明稻瘟病接种有效。各入选阳性植株均表现出较高的抗病能力。稻瘟病抗性检测结果与 MAS 技术选择结果一致。

表 5-11　稻瘟病抗性鉴定

材料名称	感病植株/株						发病指数	抗性
	0 级	1 级	2 级	3 级	4 级	5 级		
蒙古稻	0	0	0	2	5	5	4.25	感
空育 131	0	0	2	6	2	2	3.34	感
福伊 B	7	3	2	0	0	0	0.58	抗
1 号	6	4	2	0	0	0	0.67	抗
2 号	7	1	4	0	0	0	0.75	抗
3 号	10	1	1	0	0	0	0.25	抗
4 号	9	0	2	1	0	0	0.58	抗
5 号	8	1	3	0	0	0	0.58	抗
6 号	10	0	2	0	0	0	0.33	抗
7 号	7	4	1	0	0	0	0.50	抗
8 号	6	5	1	0	0	0	0.58	抗
9 号	3	8	1	0	0	0	0.83	抗
10 号	7	1	2	2	0	0	0.92	抗

5.3.3.5 BC₃F₁ 代植株鉴定选择

(1)前景选择

选取 BC₂F₂ 代前景选择含有目的基因 *Pid2/Pid3*、背景恢复率高、抗性强且农艺性状优良的 4 号植株与轮回亲本空育 131 回交,得到了 16 株生长性状良好的 BC₃F₁ 代植株。利用 SSR 标记 RM20070 对该群体 *Pid2* 基因进行鉴定,结果如图 5-15(a)所示。1 号、3 号、6 号、7 号、12 号、14 号、15 号、16 号植株表现出杂合条带,具有供体亲本条带,说明其可能含有 *Pid2* 基因,入选为阳性植株。其他植株表现出受体亲本空育 131 条带,说明其不含有目的基因。最终得到 8 株可能含有 *Pid2* 基因的阳性植株。

利用 SSR 标记 RM19961 对这 16 株生长性状良好的 BC₃F₁ 代植株 *Pid3* 基因进行鉴定,结果如图 5-15(b)所示。1 号、3 号、6 号、7 号、12 号、14 号、15 号、16 号植株表现出杂合条带,具有供体亲本条带,说明其可能含有 *Pid3* 基因,入选为阳性植株。其他植株表现出受体亲本空育 131 条带,说明其不含有目的基因。最终得到 8 株可能含有 *Pid3* 基因的阳性植株。同时,由图 5-15 可以看出筛选到的阳性植株为相同编号,说明在 BC₃F₁ 代获得了同时含有 *Pid2* 和 *Pid3* 的 8 株阳性植株,而且未出现基因单分离的现象。将这 8 株植株重新编号为1~8 号,用于后续试验。

(a) RM20070

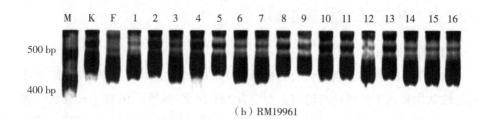

（b）RM19961

M—Marker；K—空育131；F—福伊B；1~16—BC₃F₁代植株

图5-15　前景选择结果

（2）交换选择

利用目的基因 *Pid*2 两侧的交换标记 RM20017（左侧）、RM3（右侧），对入选的 8 株 BC₃F₁ 代阳性植株进行交换选择，结果如图 5-16 所示。1~8 号植株均表现出双亲带型，说明在目的基因左侧交换标记相应位置均未发生交换。1~8 号植株均表现出受体亲本空育 131 的带型，说明在目的基因右侧交换标记相应位置均发生交换。

利用 *Pid*3 基因两侧的交换标记 RM527（左侧）、RM19994（右侧），对入选的 8 株 BC₃F₁ 代阳性植株进行交换选择，结果如图 5-16 所示。4 号和 8 号植株表现出受体亲本空育 131 的带型，说明在目的基因右侧交换标记相应位置发生交换。1~8 号植株均表现出双亲带型，可知在目的基因 *Pid*3 两侧交换标记发生了一侧交换。

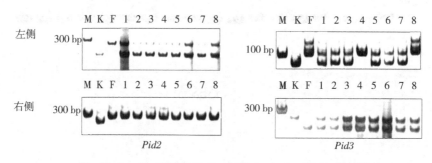

M—Marker；K—空育131；F—福伊B；1~8—BC₃F₁代植株

图5-16　交换选择结果

（3）背景选择

利用均匀分布于水稻 12 条连锁群上的 57 个 SSR 标记,对 BC_3F_1 代前景选择入选的 8 株植株进行背景选择,结果见表 5-12。空育 131($Pid2/Pid3$) BC_3F_1 代入选阳性植株平均背景恢复率达 96.5%,其中 7 号、8 号植株背景恢复率最高,为 98.2%,4 号植株背景恢复率最低,为 93.0%。

表 5-12 背景恢复率

SSR 标记	BC_3F_1 代阳性植株							
	1	2	3	4	5	6	7	8
RM10027	aa	aa	aa	aa	aa	aa	aa	aa
RM24	aa	aa	aa	aa	aa	aa	aa	aa
RM11189	aa	aa	aa	aa	aa	aa	aa	aa
RM5811	aa	aa	aa	aa	aa	aa	aa	aa
RM12051	aa	aa	aa	aa	aa	aa	aa	aa
RM6842	aa	aa	aa	Aa	aa	aa	aa	aa
RM12317	aa	Aa	aa	aa	aa	aa	aa	aa
RM12696	aa	aa	aa	aa	aa	aa	aa	aa
RM3630	aa	aa	aa	aa	aa	aa	aa	aa
RM406	aa	aa	aa	aa	aa	aa	aa	aa
RM14402	aa	aa	aa	aa	aa	aa	aa	aa
RM15298	aa	aa	aa	aa	aa	aa	aa	aa
RM15914	aa	aa	aa	aa	Aa	aa	aa	aa
RM1230	aa	aa	aa	aa	aa	aa	aa	Aa
RM241	aa	aa	aa	aa	aa	aa	aa	aa
RM16393	aa	aa	aa	aa	aa	aa	aa	aa
RM16333	aa	aa	aa	aa	aa	aa	aa	aa
RM16995	aa	aa	aa	aa	aa	aa	aa	aa
RM17518	aa	aa	aa	aa	aa	aa	aa	aa
RM17734	aa	aa	aa	Aa	aa	Aa	aa	aa
RM3777	Aa	aa	aa	aa	aa	aa	aa	aa

续表

SSR 标记	BC₃F₁ 代阳性植株							
	1	2	3	4	5	6	7	8
RM18539	aa	aa	Aa	aa	aa	aa	aa	aa
RM480	aa	aa	aa	aa	aa	aa	aa	aa
RM19363	aa	aa	aa	aa	aa	aa	aa	aa
RM6119	aa	aa	aa	aa	aa	aa	aa	aa
RM19944	aa	aa	aa	aa	aa	aa	aa	aa
RM275	aa	aa	aa	aa	aa	aa	aa	aa
RM528	aa	aa	aa	aa	aa	aa	aa	aa
RM7121	aa	aa	aa	aa	aa	aa	aa	aa
RM3917	aa	aa	aa	aa	aa	aa	aa	aa
RM22030	aa	aa	aa	aa	aa	aa	aa	aa
RM22160	aa	aa	aa	aa	aa	aa	aa	aa
RM6369	aa	aa	aa	aa	aa	aa	aa	aa
RM7267	aa	aa	aa	aa	aa	aa	aa	aa
RM23201	Aa	Aa	Aa	Aa	aa	aa	Aa	aa
RM23359	aa	aa	aa	aa	aa	aa	aa	aa
RM23627	aa	aa	aa	aa	aa	aa	aa	aa
RM5515	aa	aa	aa	aa	aa	aa	aa	aa
RM6839	aa	aa	aa	aa	aa	aa	aa	aa
RM257	aa	aa	aa	aa	aa	aa	aa	aa
RM3909	aa	aa	aa	aa	aa	aa	aa	aa
RM24804	aa	aa	aa	aa	aa	aa	aa	aa
RM24916	aa	aa	aa	aa	aa	aa	aa	aa
RM216	aa	aa	aa	aa	aa	aa	aa	aa
RM25360	aa	aa	aa	aa	aa	aa	aa	aa
RM25767	aa	aa	aa	aa	aa	aa	aa	aa
RM25839	aa	aa	aa	Aa	aa	aa	aa	aa
RM286	aa	aa	aa	aa	aa	aa	aa	aa
RM26509	aa	aa	aa	aa	aa	aa	aa	aa

续表

SSR 标记	BC₃F₁ 代阳性植株							
	1	2	3	4	5	6	7	8
RM27023	aa	aa	aa	aa	aa	aa	aa	aa
RM27200	aa	aa	aa	aa	aa	aa	aa	aa
RM27358	aa	aa	aa	aa	aa	aa	aa	aa
RM27537	aa	aa	aa	aa	aa	aa	aa	aa
RM28128	aa	aa	aa	aa	aa	aa	aa	aa
RM511	aa	aa	Aa	aa	Aa	Aa	aa	aa
RM1986	aa	aa	aa	aa	aa	aa	aa	aa
RM28693	aa	aa	aa	aa	aa	aa	aa	aa
恢复率/%	96.5	96.5	94.7	93.0	96.5	96.5	98.2	98.2

注:A 表示亲本福伊 B 表型,a 表示亲本空育 131 表型。

(4)稻瘟病抗性鉴定

对供体亲本福伊 B、受体亲本空育 131、蒙古稻及空育 131(*Pid2/Pid3*)的 BC₃F₁ 代前景选择入选的阳性植株进行稻瘟病抗性鉴定,结果见表 5-13。蒙古稻平均稻瘟病发病指数为 4.00,感病,说明稻瘟病接种有效。各入选阳性植株均表现出较高的抗病能力。稻瘟病抗性检测结果与 MAS 技术选择结果一致。

表 5-13　稻瘟病抗性鉴定

材料名称	感病植株/个						发病指数	抗性
	0 级	1 级	2 级	3 级	4 级	5 级		
蒙古稻	0	0	0	2	8	2	4.00	感
空育 131	0	0	2	2	4	4	3.83	感
福伊 B	8	2	2	0	0	0	0.50	抗
1 号	7	3	1	1	0	0	0.67	抗
2 号	7	2	3	0	0	0	0.67	抗
3 号	6	4	2	0	0	0	0.67	抗
4 号	6	3	3	0	0	0	0.75	抗

续表

材料名称	感病植株/个						发病指数	抗性
	0 级	1 级	2 级	3 级	4 级	5 级		
5 号	8	3	1	0	0	0	0.42	抗
6 号	10	1	0	1	0	0	0.33	抗
7 号	9	2	1	0	0	0	0.33	抗
8 号	5	5	2	0	0	0	0.75	抗

5.3.3.6　BC_3F_2 代植株鉴定选择

（1）前景选择

选取 BC_3F_1 代前景选择含有目的基因 *Pid2/Pid3*、背景恢复率高、抗性强且农艺性状优良的植株用于后代培养。由于生长环境原因未能成功获得回交子代，所以获得来自 BC_3F_1 代 6 株不同株系的自交子代共 118 株（BC_3F_2 代植株）。利用 SSR 标记 RM20070 对该群体 *Pid2* 基因进行鉴定。由于结果图片较多，图 5-17（a）仅展示部分结果，其他结果可见表 5-14。图 5-17（a）显示，2 号、4 号、7 号、8 号、11 号、14 号、15 号、16 号、18 号植株表现出双亲杂合带，说明其可能含有杂合的目的基因 *Pid2*，入选为阳性植株；1 号、5 号、12 号、13 号、17 号植株表现出供体亲本福伊 B 的带型，说明其可能含有纯合的目的基因 *Pid2*，入选为阳性植株。其他植株表现出受体亲本空育 131 条带，说明其不含有目的基因。最终仅选择含有 *Pid2* 基因的纯合阳性植株。

利用 SSR 标记 RM19961 对该群体 *Pid3* 基因进行鉴定，由于结果图片较多，图 5-17（b）仅展示部分结果，其他结果见表 5-14。图 5-17（b）显示，2 号、4 号、7 号、8 号、11 号、14 号、15 号、16 号、18 号植株表现出双亲杂合带，说明其可能含有杂合的目的基因 *Pid3*，入选为阳性植株；1 号、5 号、12 号、13 号、17 号植株表现出供体亲本福伊 B 的带型，说明其可能含有纯合的目的基因 *Pid3*，入选为阳性植株。其他植株表现出受体亲本空育 131 条带，说明其不含有目的基因。最终仅选择含有 *Pid3* 基因的纯合阳性植株。筛选到的阳性植株为相同编号，说明在 BC_3F_2 代获得了同时含有 *Pid2* 和 *Pid3* 的 13 株阳性植株，而且未出现基因单分离的现象。将这 13 株植株重新编号为 1～13 号，用于后续试验。

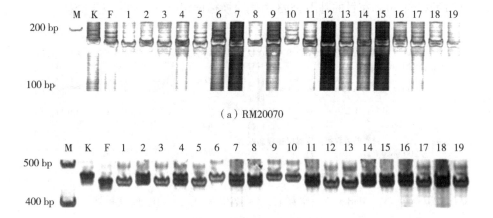

（a）RM20070

（b）RM19961

M—Marker；K—空育 131；F—福伊 B；1~19—BC₃F₂ 代植株

图 5-17　部分前景选择结果

表 5-14　前景选择结果

BC₃F₁ 代植株	BC₃F₂ 代检测株数/个	RM20070/RM19961			Pid2/Pid3 阳性植株/株
		++	+-	--	
1 号	20	0	9	11	9
2 号	20	3	7	10	10
3 号	19	3	8	8	11
4 号	20	1	5	14	6
5 号	20	2	3	15	8
6 号	19	4	8	6	12

（2）交换选择

利用目的基因 *Pid*2 两侧的交换标记 RM20017（左侧）、RM3（右侧），对入选的 13 株 BC₃F₂ 代阳性植株进行交换选择，结果如图 5-18 所示。1~13 号植株与供体亲本带型相同，说明在目的基因一侧交换标记相应位置均未发生交换。1~13 号植株与受体亲本带型相同，说明在目的基因另一侧交换标记相应位置均发生交换。

利用 *Pid*3 基因两侧的交换标记 RM527（左侧）、RM19994（右侧），对入选的 13 株 BC₃F₂ 代阳性植株进行交换选择，结果如图 5-18 所示。1~13 号植株与供体亲本带型相同,可知在目的基因 *Pid*3 两侧交换标记相应位置均未发生交换。

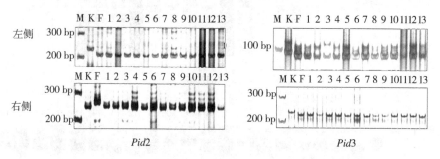

M—Marker;K—空育 131;F—福伊 B;1~13—BC₃F₂ 代植株

图 5-18　交换选择结果

(3)背景选择

利用均匀分布于水稻 12 条连锁群上的 57 个 SSR 标记,对 BC₃F₂ 代前景选择入选的 13 株植株进行背景选择,结果见表 5-15。空育 131(*Pid2/Pid3*)BC₃F₂ 代入选阳性植株平均背景恢复率达 96.5%,其中 3 号、4 号、11 号植株背景恢复率最高,为 98.2%,2 号、5 号和 9 号植株背景恢复率最低,为 94.7%。

表 5-15　背景恢复率

SSR 标记	BC₃F₂ 代阳性植株												
	1	2	3	4	5	6	7	8	9	10	11	12	13
RM10027	aa	aa	aa	aa	aa	aa	aa	aa	aa	aa	aa	aa	aa
RM24	aa	aa	aa	aa	aa	aa	aa	aa	aa	aa	Aa	aa	aa
RM11189	aa	aa	aa	aa	aa	aa	aa	aa	aa	aa	aa	aa	aa
RM5811	aa	aa	aa	aa	aa	aa	aa	aa	aa	aa	aa	aa	aa
RM12051	aa	aa	aa	aa	aa	aa	aa	aa	aa	aa	aa	aa	aa
RM6842	Aa	aa	aa	Aa	aa	aa	aa	Aa	Aa	Aa	aa	Aa	aa
RM12317	aa	Aa	aa	aa	aa	Aa	Aa	aa	aa	aa	aa	aa	aa
RM12696	aa	aa	aa	aa	aa	aa	aa	aa	aa	aa	aa	aa	aa
RM3630	aa	aa	aa	aa	aa	aa	aa	aa	aa	aa	aa	aa	aa

续表

SSR 标记	BC$_3$F$_2$ 代阳性植株												
	1	2	3	4	5	6	7	8	9	10	11	12	13
RM406	aa	aa	aa	aa	aa	aa	aa	aa	aa	aa	aa	aa	aa
RM14402	aa	aa	aa	aa	aa	aa	aa	aa	aa	aa	aa	aa	aa
RM15298	aa	aa	aa	aa	aa	aa	aa	aa	aa	aa	aa	aa	aa
RM15914	aa	aa	aa	aa	Aa	aa	aa	aa	aa	aa	aa	aa	aa
RM1230	aa	aa	aa	aa	aa	aa	aa	aa	aa	aa	aa	aa	aa
RM241	aa	aa	aa	aa	aa	aa	aa	aa	aa	aa	aa	aa	aa
RM16393	aa	aa	aa	aa	aa	aa	aa	aa	aa	aa	aa	aa	aa
RM16333	aa	aa	aa	aa	aa	aa	aa	aa	aa	aa	aa	aa	aa
RM16995	aa	aa	aa	aa	aa	aa	aa	aa	aa	aa	aa	aa	aa
RM17518	aa	aa	aa	aa	aa	aa	aa	aa	aa	aa	aa	aa	aa
RM17734	aa	aa	aa	aa	Aa	aa	aa	aa	aa	aa	aa	aa	aa
RM3777	aa	aa	aa	aa	aa	aa	aa	aa	aa	aa	aa	aa	aa
RM18539	aa	aa	aa	aa	aa	aa	aa	aa	aa	aa	aa	aa	aa
RM480	aa	aa	aa	aa	aa	aa	aa	aa	aa	aa	aa	aa	aa
RM19363	aa	aa	aa	aa	aa	aa	aa	aa	aa	aa	aa	aa	aa
RM6119	aa	aa	aa	aa	aa	aa	aa	aa	aa	aa	aa	aa	aa
RM19944	aa	aa	aa	aa	aa	aa	aa	aa	aa	aa	aa	aa	aa
RM275	Aa	Aa	aa	aa	aa	aa	aa	aa	aa	Aa	aa	aa	Aa
RM528	aa	aa	aa	aa	aa	aa	aa	aa	aa	aa	aa	aa	aa
RM7121	aa	aa	aa	aa	aa	aa	aa	aa	aa	aa	aa	aa	aa
RM3917	aa	aa	aa	aa	aa	aa	aa	aa	aa	aa	aa	aa	aa
RM22030	aa	aa	aa	aa	aa	aa	aa	aa	aa	aa	aa	aa	aa
RM22160	aa	aa	aa	aa	aa	aa	aa	aa	aa	aa	aa	aa	aa
RM6369	aa	aa	aa	aa	aa	aa	aa	aa	aa	aa	aa	aa	aa
RM7267	aa	aa	aa	aa	aa	aa	aa	aa	aa	aa	aa	aa	aa
RM23201	aa	aa	Aa	aa	aa	Aa	Aa	aa	Aa	aa	aa	aa	aa
RM23359	aa	aa	aa	aa	aa	aa	aa	aa	aa	aa	aa	aa	aa

续表

SSR 标记	BC₃F₂ 代阳性植株												
	1	2	3	4	5	6	7	8	9	10	11	12	13
RM23627	aa	aa	aa	aa	aa	aa	aa	aa	aa	aa	aa	aa	aa
RM5515	aa	aa	aa	aa	aa	aa	aa	aa	aa	aa	aa	aa	aa
RM6839	aa	aa	aa	aa	aa	aa	aa	aa	aa	aa	aa	aa	aa
RM257	aa	Aa	aa	aa	aa	aa	aa	aa	aa	aa	aa	aa	aa
RM3909	aa	aa	aa	aa	aa	aa	aa	aa	aa	aa	aa	aa	aa
RM24804	aa	aa	aa	aa	aa	aa	aa	aa	aa	aa	aa	aa	aa
RM24916	aa	aa	aa	aa	aa	aa	aa	aa	aa	aa	aa	aa	aa
RM216	aa	aa	aa	aa	aa	aa	aa	aa	aa	aa	aa	aa	aa
RM25360	aa	aa	aa	aa	aa	aa	aa	aa	aa	aa	aa	aa	aa
RM25767	aa	aa	aa	aa	aa	aa	aa	aa	aa	aa	aa	aa	aa
RM25839	aa	aa	aa	aa	aa	aa	aa	aa	Aa	aa	aa	Aa	aa
RM286	aa	aa	aa	aa	aa	aa	aa	aa	aa	aa	aa	aa	aa
RM26509	aa	aa	aa	aa	aa	aa	aa	aa	aa	aa	aa	aa	aa
RM27023	aa	aa	aa	aa	aa	aa	aa	aa	aa	aa	aa	aa	aa
RM27200	aa	aa	aa	aa	aa	aa	aa	aa	aa	aa	aa	aa	aa
RM27358	aa	aa	aa	aa	aa	aa	aa	aa	aa	aa	aa	aa	aa
RM27537	aa	aa	aa	aa	aa	aa	aa	aa	aa	aa	aa	aa	aa
RM28128	aa	aa	aa	aa	aa	aa	aa	aa	aa	aa	aa	aa	aa
RM511	aa	aa	aa	aa	Aa	aa	aa	Aa	aa	aa	aa	aa	Aa
RM1986	aa	aa	aa	aa	aa	aa	aa	aa	aa	aa	aa	aa	aa
RM28693	aa	aa	aa	aa	aa	aa	aa	aa	aa	aa	aa	aa	aa
恢复率/%	96.5	94.7	98.2	98.2	94.7	96.5	96.5	96.5	94.7	96.5	98.2	96.5	96.5

注:a 表示亲本福伊 B 表型,A 表示亲本空育 131 表型。

（4）稻瘟病抗性鉴定

对供体亲本福伊 B、受体亲本空育 131、蒙古稻及空育 131（*Pid2/Pid3*）的 BC₃F₂ 代前景选择入选的阳性植株进行稻瘟病抗性鉴定,结果见表 5-16。蒙古稻平均稻瘟病发病指数为 4.67,感病,说明稻瘟病接种有效。各入选阳性植株均表现出较高的抗病能力。稻瘟病抗性检测结果与 MAS 技术选择结果一致。

表 5-16 稻瘟病抗性鉴定

材料名称	感病植株/株						发病指数	抗性
	0 级	1 级	2 级	3 级	4 级	5 级		
蒙古稻	0	0	0	1	2	9	4.67	感
空育 131	0	0	1	6	3	2	3.50	感
福伊 B	10	1	1	0	0	0	0.25	抗
1 号	8	1	3	0	0	0	0.58	抗
2 号	5	6	1	0	0	0	0.67	抗
3 号	6	4	2	0	0	0	0.67	抗
4 号	9	3	0	0	0	0	0.25	抗
5 号	7	0	5	0	0	0	0.83	抗
6 号	7	3	2	0	0	0	0.58	抗
7 号	8	1	1	2	0	0	0.75	抗
8 号	10	2	0	0	0	0	0.17	抗
9 号	3	7	2	0	0	0	0.92	抗
10 号	7	4	0	1	0	0	0.58	抗
11 号	4	4	4	0	0	0	1.00	抗
12 号	8	4	0	0	0	0	0.33	抗
13 号	9	1	1	1	0	0	0.50	抗

5.4 讨论

5.4.1 利用 MAS 技术培育空育 131($Pid2/Pid3$)的优越性

过去研究者采用常规育种的方式对不同品种的杂交后代的表现性状进行观察、选择,通过性状对基因型进行间接选择,从而获得具有优良基因的后代。

这种常规育种方法容易受环境影响,育种周期较长,育种效率低,而且将南方籼稻中的抗稻瘟病基因导入到北方粳稻中采用常规育种的方式困难很大,这给北方稻区的抗稻瘟病基因育种资源造成了很大的局限性。MAS 技术可以避免目的基因丢失,可以克服远缘杂交造成的困难,从而缩短育种周期,拓宽育种资源,提高选择的准确性和可靠性。

本书将广谱高抗的 $Pid2$ 和 $Pid3$ 基因同时导入空育 131 的遗传背景中,培育水稻新品系空育 131($Pid2/Pid3$)。田间稻瘟病抗性鉴定结果表明,供体亲本福伊 B 以及水稻新品系空育 131($Pid2/Pid3$)的各世代植株都具有较高的抗性。因此,将抗病基因 $Pid2/Pid3$ 导入北方水稻遗传背景中,进而培育抗稻瘟病新品系是可行的。

综上所述,MAS 技术的优点包括:第一,与传统育种相比,MAS 技术借助与目的基因紧密连锁的分子标记,可以在水稻任意发育时期提取基因组 DNA,直接鉴定遗传物质,使目的基因的检测准确快速;第二,利用共显性的分子标记可有效区分纯合个体和杂合个体,在隐性性状的选择上具有很大优势;第三,使用交换选择标记准确筛选到目的基因附近发生遗传重组的回交个体,有效克服连锁累赘;第四,在水稻整个基因组筛选出高密度的分子标记作为背景标记,在回交育种中检测回交群体中各个体的背景恢复率,可以快速有效选择背景恢复率高的个体植株,加快恢复轮回亲本遗传背景速度。

5.4.2 稻瘟病抗性鉴定

虽然筛选到了与目的基因距离很近、属于紧密连锁的前景选择 SSR 标记,但目的基因与前景标记间毕竟存在一段遗传距离,仍有在减数分裂时发生交换的可能,导致前景选择为阳性而实际上目的基因不存在的结果。使用稻瘟病抗性鉴定直接选择与分子标记间接选择相结合的方法,可有效地防止目的基因丢失,提高选择准确性。将 MAS 技术与直接鉴定选择相结合,能够充分发挥 MAS 技术育种和常规育种的优点,达到良好的育种效果。

在本书中,在对回交子代进行前景选择、交换选择及背景恢复率测定后,又对入选阳性植株进行了稻瘟病抗性鉴定。结果表明,前景选择抗稻瘟病基因 $Pid2$ 和 $Pid3$ 为阳性的植株表现出极强的稻瘟病抗性,确保了根据分子标记进行选择的准确性,同时进一步说明了本书中筛选到的 *Pid2* 和 *Pid3* 前景标记的有效性。

5.4.3　目的基因两侧交换选择的必要性

MAS 技术的优点包括快速准确筛选目的基因、有效剔除连锁累赘和快速恢复至轮回亲本的遗传背景等。若要有效地剔除连锁累赘,就要在育种过程中选择在目的基因附近发生遗传重组的后代,这就需要在目的基因附近筛选可用于剔除连锁累赘的交换选择 SSR 标记。交换选择 SSR 标记针对与目的基因连锁的一片区域,其范围窄,密度大。在目的基因附近筛选出距离适中的交换选择 SSR 标记,在回交过程中选择在目的基因与交换选择 SSR 标记之间发生遗传重组的个体进一步回交,便可以快速剔除连锁累赘。在距离合适的交换选择 SSR 标记辅助下,使用适当的回交量,理论上通过 2 个世代回交就可以将连锁累赘降低到 4 cM 以下。

本书筛选到目的基因两侧均不超过 3.4 cM 的交换选择 SSR 标记,在 BC_3F_1 代筛选到了具有 *Pid2*/*Pid3* 基因、目的基因 *Pid2* 靠近长臂端的染色体区段发生交换、目的基因 *Pid3* 靠近短臂端的染色体区段第 4 号和第 8 号植株发生交换的阳性植株。在 BC_3F_2 代筛选到了具有 *Pid2*/*Pid3* 基因、目的基因 *Pid2* 靠近长臂端的染色体区段发生交换的阳性植株,有效减少或克服连锁累赘,使该染色体除了目的基因以外的所有染色体区段都恢复成受体亲本空育 131 的基因型,保持原有粳稻品种空育 131 的优良性状。

5.5　小　结

(1)从黑龙江省建三江地区和海南地区采集的以空育 131 为寄主的稻瘟病病样上,分离得到稻瘟病菌单孢菌株。

(2)筛选到可作为培育水稻空育 131（*Pid2*/*Pid3*）前景选择的 SSR 标记 RM20070 和 RM19961。其中 RM20070 距离目的基因 *Pid2* 1.9 Mb,该标记与 *Pid2* 基因紧密连锁,并且在供体亲本福伊 B 和受体亲本空育 131 之间多态性良好;RM19961 距离目的基因 *Pid3* 0.1 Mb,与目的基因 *Pid3* 紧密连锁,在亲本之间具有良好的多态性。

（3）筛选到位于目的基因 *Pid2* 左侧、物理距离为 2.1 Mb 的 SSR 标记 RM20017 作为 *Pid2* 的一侧交换标记,位于目的基因 *Pid2* 右侧、物理距离为 3.4 Mb 的 SSR 标记 RM3 作为 *Pid2* 的另一侧交换标记,且在供体亲本福伊 B 和受体亲本空育 131 之间两者均具有良好的多态性。筛选到位于目的基因 *Pid3* 左侧、物理距离为 3.3 Mb 的 SSR 标记 RM527 作为 *Pid3* 的一侧交换标记,位于目的基因 *Pid3* 右侧、物理距离为 1.0 Mb 的 SSR 标记 RM19994 作为 *Pid3* 另一侧交换标记,且在供体亲本福伊 B 和受体亲本空育 131 之间均具有良好的多态性。在水稻空育 131(*Pid2/Pid3*)的培育中有效减少连锁累赘。

（4）从 300 个 SSR 标记中,筛选到了可用于培育空育 131(*Pid2/Pid3*)背景选择的 SSR 标记 57 个。

（5）培育获得新品系空育 131(*Pid2/Pid3*) 的 BC_3F_2 代阳性抗稻瘟病植株,其不仅具有 *Pid2/Pid3* 基因,且目的基因 *Pid2* 右侧染色体区段发生交换、平均遗传背景达 96.2%,3 号、4 号、11 号植株遗传背景最高达 98.2%,结合田间农艺性状表现,选择 3 号植株,为空育 131(*Pid2/Pid3*) 准备了育种材料。

参考文献

[1]CHEN X W,LI S G,XU J C,et al. Identification of two blast resistance genes in a rice variety,Digu[J]. Journal of Phytatholog,2004,152(2):77-85.

[2]CHEN X,SHANG J,CHEN D,et al. AB-lectin receptor kinase gene conferring rice blast resistance[J]. The Plant Journal,2006,46(5):794-804.

[3]SHANG J,TAO Y,CHEN X W,et al. Identification of a new rice blast resistance gene,*Pid3*,by genomewide comparison of paired nucleotide-binding site-leucine-rich repeat genes and their pseudogene alleles between the two sequenced rice genomes[J]. Genetics,2009,182(4):1303-1311.

[4] HITTALMANI S,PARCO A,MEW T V,et al. Fine mapping and DNA marker-assisted pyramiding of the three major genes for blast resistance in rice [J]. Theoretical and Applied Genetics,2000,100(7):1121-1128.

[5]NARAYANAN N N,BAISAKH N,CRUZ C M V,et al. Molecular breeding for

the development of blast and bacterial blight resistance in rice cv. ir50 [J]. Crop Science,2002,42(6):2072-2079.

[6]薛庆中,张能义,熊兆飞,等. 应用分子标记辅助选择培育抗白叶枯病水稻恢复系[J]. 浙江农业大学学报,1998,24(6):581-582

[7]CHEN S,LIN X H,XU C G,et al. Improvement of bacterial blight resistance 'Minghui63',an elite restorer line of hybrid rice,by molecular marker-assisted selection[J],Crop Science,2000,40(1):239-244.